本书的部分研究工作曾先后得到国家自然科学基金项目（60378031、60978054）和福建省重大科技项目（2001H07）资助，并获得中国石油和化学工业协会技术发明奖二等奖（2007年）和福建省科学技术奖二等奖（2007年）

可调谐激光晶体材料科学

王国富 龙西法◎编著

吉林大学出版社

·长春·

图书在版编目（CIP）数据

可调谐激光晶体材料科学 ／ 王国富，龙西法编著.
—长春：吉林大学出版社，2020.8
ISBN 978 - 7 - 5692 - 6940 - 6

Ⅰ. ①可… Ⅱ. ①王… ②龙… Ⅲ. ①可调激光器—
晶体—材料科学 Ⅳ. ①TN244

中国版本图书馆 CIP 数据核字（2020）第 162027 号

书　　　名	可调谐激光晶体材料科学	
	KETIAOXIE JIGUANG JINGTI CAILIAO KEXUE	
作　　　者	王国富　龙西法　编著	
策划编辑	李潇潇	
责任编辑	李潇潇	
责任校对	卢　婵	
装帧设计	中联华文	
出版发行	吉林大学出版社	
社　　　址	长春市人民大街4059号	
邮政编码	130021	
发行电话	0431 - 89580028/29/21	
网　　　址	http://www.jlup.com.cn	
电子邮箱	jdcbs@jlu.edu.cn	
印　　　刷	三河市华东印刷有限公司	
开　　　本	710mm×1000mm　1/16	
印　　　张	14	
字　　　数	140 千字	
版　　　次	2020 年 8 月第 1 版	
印　　　次	2020 年 8 月第 1 次	
书　　　号	ISBN 978 - 7 - 5692 - 6940 - 6	
定　　　价	58.00 元	

前　言

　　自 1960 年第一台红宝石激光器诞生以来，由于激光具有亮度强，以及良好的方向性、单色性和相干性等特点，受到人们广泛的重视，至今已研制成功多种固体激光、气体激光和液体激光(化学激光)材料，在各个技术领域得到广泛的应用。可调谐激光器是各种激光光谱技术研究的主要技术设备之一，也是光学、光电子学、医学和生物学等研究的重要光源。在军事上可调谐激光器是光电子对抗的重要激光光源之一，如应用在激光雷达、激光通信、激光水下探测和通信、激光遥感及激光致盲等。20 世纪 60 年代 P. P. Sorokin 和 F. P. Schafer 发明了染料激光器，实现了从近紫外到近红外的可调谐激光运转。在这之后一段时间内，液体染料激光器在可调谐激光技术领域内一直占据着垄断地位。直至 20 世纪 80 年代掺钛蓝宝石激光器的发明，才打破了染料激光器在可调谐激光加工技术领域中一统天下的局面，进入了向固体化和全固化发展的新阶段。随着 20

世纪 80 年代末半导体激光器(laser diode，LD)泵浦技术被引入可调谐激光器中，可调谐激光技术进入全固态化的发展趋势中。随之，可调谐激光晶体的发展趋势是研究开发可直接 LD 泵浦、调谐范围宽的新型可调谐激光晶体材料。发展新的 LD 泵浦的可调谐激光晶体在科学技术和国防建设上具有十分重要的意义，它成为当前激光晶体材料发展的热点和难点。

自 1963 年贝尔实验实现第一个固态可调谐激光运转以来，人们陆续在可调谐激光晶体材料领域取得了许多新的研究进展，目前相关资料很多。本书将零散的资料加工，去粗取精，结合著者多年的研究成果，全面地介绍可调谐激光晶体材料的理论基础、实验技术方法和原理，以及可调谐激光晶体的生长和光谱特性。

全书共六章。第一章介绍可调谐激光晶体发展的历史和趋势。第二章介绍可调谐激光晶体的基本理论。第三章介绍可调谐激光晶体的晶体生长理论和技术方法、激光光谱测试实验方法和原理。第四章至第六章主要介绍近年来发展的各类型可调谐激光晶体材料的制备和光谱性能。本书既是研究可调谐激光晶体材料的理论基础，也是入门引导，让读者对这一研究领域有粗略的总体了解，可供相关专业研究生查阅和参考。

由于著者学术水平有限，且参考资料很多，难以全面概括，本书难免存在不足之处，恳请广大读者批评指正。

在本书出版之际，深切缅怀已故导师英国爱丁堡皇家学会院士 Brain Henderson 教授（1936.3—2017.8），20 世纪 90 年代初著者在英国 Strathclyde 大学学习期间，是他引导我进入可调谐激光晶体材料领域。书中主要包括我们课题组同仁和研究生（林州斌，王国建，李凌云，张莉珍和黄溢声等同学）近 30 年来的研究成果，借此机会感谢他们的辛劳和合作。尤其感谢相濡以沫的夫人何美云高级工程师 40 多年来的支持和辅助。

最后，谨以此书献给中国科学院福建物质结构研究所六十周年所庆。

2020 年 3 月于福州

目　录
CONTENTS

第1章　可调谐激光晶体材料

§ 1.1　引言

可调谐激光技术是激光技术领域中很重要的分支，其在一定的波长范围内能实现激光连续调谐输出。可调谐激光器是各种激光光谱技术研究的主要技术设备，也是光学、光电子学、医学和生物学等研究的重要光源。在军事上，可调谐激光器将是未来光电子对抗的重要激光光源之一，如激光雷达、激光通信、激光水下探测和通信、激光遥感与激光致盲等。

以激光技术为核心的光电子产业是 21 世纪具有代表意义的主导产业之一，是新世纪带动相关产业发展的新经济增长点。激光、光电子技术将在人类的科学研究、工农业生产、国防及文化生活等领域发挥越来越重要的作用，在一定的意义上讲，它将成为衡量一个国家高科技发展水平的重要标志之一。全固态可调谐激光器是未来光电子技术产业的核心器件之一。近年来，随着高率半导体激光器(LD)的发展,作为可调谐激光器的重要的激光介质,可调谐激光晶体朝着更宽调谐范围(600~1 800 nm),并且能够被LD直接泵浦和高效率的方向发展,以实现可调谐激光器的全固态、高功率、微型化、宽调谐、多波长、长寿命和高稳定。因此发展新的LD泵浦的可调谐激光晶体在科学技术和国防建设上具有十分重要的意义,它成为当前激光晶体材料发展的热点和难点之一。

§1.2　掺过渡金属离子的可调谐激光晶体材料

1.2.1　可调谐激光晶体发展历史[1~47]

1963年贝尔[1]实验室使用 Ni^{2+}：MgF_2 晶体首次获得峰值 1.63 μm 的可调谐激光运转,实现了第一个固态可调谐激光运转,它的发现是固态可调谐激光研究的重大进展。Ni^{2+}：MgF_2 晶体可调谐范围在 1.61~1.74 μm，Ni^{2+}：MgF_2 晶体 CW 输出功率达 1.7 W，转换效率达 38 %。接着几年里又陆续发现了 Co^{2+}：MgF、V^{2+}：MgF 和 Sm^{2+}：CaF_2 等一批可调谐激光晶体[2~4],采用闪光灯泵浦实现了激光输出,调谐范围在 1.12~2.17 μm。但是这些激光都必须在低温下运转,实际应用意义不大。

1979 年 J. C. Walling[11~13] 报道了金绿宝石(Cr^{3+}：$BeAl_2O_4$)

激光器的室温连续可调谐激光运转,调谐范围为 701 ~ 794 nm,中心波长为 750 nm。金绿宝石不仅可以 CW 运转,而且还可以脉冲运转、Q 开关运转和主、被动锁模运转。这是人们第一次在室温下获得可调谐激光输出,开创了固态可调谐激光晶体研究的新局面。20 世纪 80 年代是可调谐激光晶体研究最为活跃的时期。1984 和 1987 年 S. T. Lai 和 M. L. Shand[5,6] 报道了绿宝石(Cr^{3+}:$Be_3Al_2(SiO_3)_6$)激光,它的发射跃迁截面和增益是金绿宝石的两倍,调谐范围在 700 ~ 850 nm。1982 年前后,德国汉堡大学 B. Struve 和 G. Huber 报道了系列的掺 Cr^{3+} 的石榴石 GSGG、GGG、YGG、LLGG 和 GSAG 可调谐激光晶体,实现了激光运转,调谐范围在 700 ~ 950 nm。1982 年林肯实验室 P. F. Moulton[36] 在 Ti^{3+}:Al_2O_3晶体中获得激光运转,调谐范围在 650 ~ 1 110 nm。由于 Ti^{3+}是单电子结构,避免了激发态吸收,因此它的增益截面大。此外,Ti^{3+}:Al_2O_3晶体还具有高的热导率和机械强度,已成为最广泛使用的商业化可调谐激光晶体。

1988 年 V. Petricivic[33] 实现了掺 Cr^{4+} 镁橄榄石(Cr^{4+}:Mg_2SiO_4)可调谐激光输出,调谐范围在 1. 13 ~ 1. 37 μm。接着 A. P. Shkadareich 等人[45~47]研制出掺 Cr^{4+} 的 YAG 的可调谐激光晶体。在 20 世纪 80 年代末与 90 年代初掺 Cr^{3+} 的可调谐激光晶体材料得到较大的发展,S. A. Payne 等人[7~9]发现了一系列掺 Cr^{3+} 的可调谐激光晶体,如 Cr^{3+}:$LiCaAlF_6$(LiCAF)、Cr^{3+}:$LiSrAlF_6$(LiSAF)和 $Cr^{3+}LiSrGaF_6$(LiSGF)等晶体。表 1. 1 列出 30 多种已

表 1.1　掺过渡金属离子的可调谐激光晶体材料

晶体材料	调谐范围 /nm	荧光寿命 /μs,300K	发射截面 /10^{-20} cm²	发射峰值波长 /nm	斜效率 /%	参考文献
Cr^{3+} : $Be_3Al_2Si_6O_{18}$	720~842	60	3.1	768	64	[5,6]
Cr^{3+} : $LiCaAlF_6$	720~840	170	1.23	780	54	[7~9]
Cr^{3+} : $BeAl_2O_4$	700~820	260	1.0	752	51	[10~13]
Cr^{3+} : $LiSrAlF_6$	780~1 010	67	4.8	825	36	[8,14,15]
Cr^{3+} : $ScBO_3$	787~892	115	1.2	843	29	[16]
Cr^{3+} : $Gd_3Sc_2Ga_3O_{12}$	742~842	114	0.8	785	28	[17~20]
Cr^{3+} : $Na_3Ga_2Li_3F_{12}$	741~781	0.63	310	791	23	[7~21]
Cr^{3+} : $Y_3Sc_2Al_3O_{12}$	—	—	—	767	22	[14,22]
Cr^{3+} : $Gd_3Sc_2Al_3O_{12}$	734~820	—	—	784	19	[23]
Cr^{3+} : $SrAlF_5$	852~947	93	2.3	932	3.6	[24,25]
Cr^{3+} : $KZnF_3$	785~865	80	0.8	820	14	[26,27]
Cr^{3+} : $ZnWO_4$	980~1090	—	—	1 035	13	[28]
Cr^{3+} : $La_3Ga_5SiO_{14}$	862~1 107	5.3	—	968	10	[29~31]
Cr^{3+} : $Ca_3Ga_{5.5}Nb_{0.5}O_{14}$	—	—	—	1 040	—	[32]
Cr^{3+} : $Y_3Ga_5O_{12}$	—	—	—	740	—	[22]

续表

晶体材料	调谐范围 /nm	荧光寿命 /μs,300K	发射截面 /10^{-20} cm^2	发射峰值波长 /nm	斜效率 /%	参考文献
Cr^{3+}:$Y_3Sc_2Ga_3O_{12}$	—	—	—	750	—	[22]
Cr^{3+}:$La_3Lu_2Ga_3O_{12}$	790~850	—	—	830	3	[30]
Cr^{3+}:Mg_2SiO_4	—	—	—	1 235	—	[33]
Cr^{3+}:$Al_2(WO_4)_3$	—	—	—	810	—	[34]
Cr^{3+}:$BeAl_6O_{10}$	—	—	—	834	—	[35]
Ti^{3+}:Al_2O_3	670~1 100	3.2	38	760	—	[36]
Ti^{3+}:$BeAl_2O_4$	730~950	—	—	810	15	[37]
Co^{2+}:MgF_2	—	40	0.024	1 800	—	[38]
Sm^{2+}:CaF_2	—	—	—	—	—	[39]
V^{2+}:MgF_2	1 070~1 150	2 300	0.087	1 120	—	[40]
Ce^{3+}:$LiSrAlF_6$	281~315	28	950	290	47	[41]
Ce^{3+}:$LiCaAlF_6$	281~315	25	610	289	47	[41]
Ce^{3+}:$LiYF_4$	—	40	—	310	—	[42]
Cr^{4+}:Mg_2SiO_4	1 000~1 400	3.2	19	1 250	—	[43,44]
Cr^{4+}:YAG	1 340~1 570	—	—	1 450	42	[45,46]
Cr^{4+}:Y_2SiO_5	—	1.3	20	1 230	0.4	[47]

实现激光运转的掺过渡金属的可调谐激光晶体材料。这些可调谐激光基本覆盖了 $0.65 \sim 2.3 \ \mu m$ 的光谱区域，如图 1.1 所示。

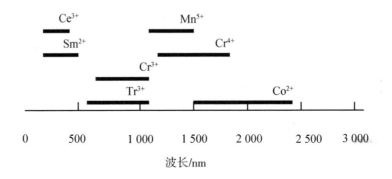

图 1.1 过渡金属离子掺杂可调谐激光晶体所覆盖的光谱波段示意图

1.2.2 全固态可调谐激光器技术的发展现状与前景[49~56]

激光二极管(LD)作为泵浦源的应用为可调谐激光晶体的发展注入了新的活力，激光二极管(LD)与传统泵浦源相比，具有体积小、效率高、寿命长、光束质量高及稳定性好等优点。它的应用不仅提高了效率，而且使可调谐激光器进入了全固态化阶段，增加了其在应用中的竞争力。当前激光技术领域正朝着全固态激光技术发展，全固态激光是激光晶体、非线性光学晶体、大功率半导体激光(LD)和激光技术多年发展、实现技术集成的产物。作为未来光电子技术产业的核心器件之一，全固态 LD 泵浦的可调谐激光器及其可调谐激光晶体的发展技术朝着高功率、微型化、多波长、宽调谐、长寿命和高稳定性的趋势发展。

1990 年 G. T. Maker[48]首次报道了全固化 Ti：S 激光器，它用 LD 泵浦的 Q 开关 Nd：YLF 激光器作泵浦源，用其倍频光泵浦三镜结构的 Ti：S 激光器，获得了 1.3 μJ 输出，脉宽为 400 ns，峰值功率达 3W，调谐范围 746～833 nm。1991 年 T. R. Steele[49]用全固化 Nd：YAG 激光器倍频光泵浦 Ti：S 激光器，实现了全固化调 Q 运转，波长 795 nm 处能量为 720 μJ，调谐范围 690～1 000 nm。J. Harrison[50]则用 LD 泵浦的 YAG 激光器倍频光泵浦 CW 掺钛蓝宝石激光器，实现了 755～829 nm 调谐全固化 CW 运转。但这种全固化激光器系统都需要经过一次电—光转换和两次光—光转换，效率低、结构复杂、价格昂贵，应用前景不大。而掺 Cr^{3+} 激光晶体因吸收波长可与大功率 LD 的 670～680 nm 波长匹配，1990 年 R. Scheps 等人[51]首次用发射波长为 670～680 nm 大功率 AlGaInP 激光二极管（LD）泵浦 Cr^{3+}：$BeAl_2O_4$，斜效率为 25%。接着他们用 2 个 10 mW 的 763 nm LD 泵浦 Cr^{3+}：LiCAF，实现了全固化的、结构简单的和高效率的可调谐激光运转。但是这些材料都存在着吸收系数小、LD 泵浦的激光效率低等问题。而已商业化的可调谐激光晶体掺钛蓝宝石 Ti^{3+}：Al_2O_3 虽然具有宽的可调谐范围（650～1 200 nm），但无法实现 LD 直接泵浦。

§1.3 可调谐激光晶体发展趋势与探索[57~60]

1.3.1 可调谐激光晶体发展趋势

自 20 世纪 90 年代中期以来，全固化激光器取代一般固体激光器的趋势越来越明显。激光二极管(LD)作为泵浦源的应用为可调谐激光晶体的发展注入了新的活力，激光二极管(LD)与传统泵浦源相比，具有体积小、效率高、寿命长、光束质量高及稳定性好等优点。它的应用不仅提高了效率，而且使可调谐激光器进入了全固态化阶段，增加了其在应用中的竞争力。LD 作为泵浦源改变了传统的灯泵浦对材料的要求。LD 泵浦要求材料具有以下几个特点。

(1)较宽的吸收峰。因为作为泵浦源的 AlGaInP 激光二极管的发射波长处于 670~690 nm，它的半峰宽为 2~3 nm。波长随温度的变化率为 0.2~0.3 nm/℃。所以较宽吸收带不仅有利于激光晶体对泵浦能量的吸收，而且降低了对器件温度控制的要求。

(2)长的荧光寿命(τ)。荧光寿命长的晶体能在上能级积累更多的粒子，增加了储能，有利于器件输出功率或能量的提高。

(3)大的发射跃迁截面(σ)。因为脉冲和连续激光的阈值分别与发射跃迁截面(σ)和发射跃迁截面与荧光寿命的乘积($\sigma \cdot \tau$)成反比。σ和$\sigma \cdot \tau$值大的晶体材料容易实现激光振荡，在相同的输入功率下能得到较大的输出功率，这对连续激光器来说是非常重要的。但对大能量和高功率的脉冲激光器来说，σ值大器件容易起振，不利于储能，从而限制了器件功率和能量的提高。

此外，与传统灯泵浦相比，LD 泵浦可以使用小尺寸的晶体，而且激光棒只有很低的热负荷，这是由于 LD 泵浦减少了灯泵浦时高能量的存储和随后带来的激光棒的内在热。

因此，探索发展能够被 LD 直接泵浦、宽的可调谐波长范围和高转换效率的可调谐激光晶体成为可调谐激光技术领域的研究重点。

1.3.2 探索掺 Cr^{3+} 可调谐激光晶体材料的途径

从表 1.1 可以看出，以 Cr^{3+} 作为激活离子的激光晶体占了可调谐激光晶体的绝大多数，这些掺杂 Cr^{3+} 可调谐激光晶体覆盖了 690 ~ 1 100 nm 波谱区域，如图 1.2 所示。为什么已成功实现可调谐激光输出的晶体材料大多是掺 Cr^{3+} 的可调谐激光晶体？这是因为 Cr^{3+} 具有其他过渡金属离子所不具备的优点。①Cr^{3+} 具有最大的八面体晶体场择位能力，作为掺杂离子会优先进入基质中占据八面体位置。②当 Cr^{3+} 处在八面体对称位置时，化学价态稳定，既不容易被氧化也不容易被还原。③Cr^{3+} 的最低激发态不易发生非辐射弛豫过程。因此，即使在室温下其荧光量子效率也几乎保持不变。④Cr^{3+}还具有泵浦带宽、能级分裂大和激发态吸收低等优点。因此，三价Cr^{3+}成为探索可调谐激光晶体材料的首选激活离子。

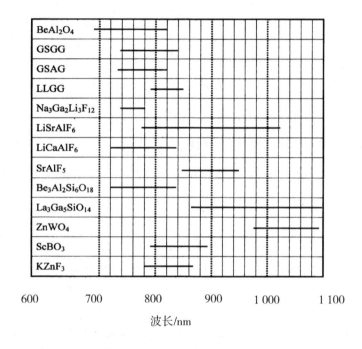

图1.2 掺Cr^{3+}可调谐激光晶体所覆盖的光谱波段示意图

过去人们围绕着掺Cr^{3+}的可调谐激光晶体进行了广泛研究，发展探索出一套探索新型可调谐激光晶体材料的基本原理和方法。从Cr^{3+}的Tanabe-Sugano能级图可知（见图1.3），^2E能级相对于基态$^4A_2$的跃迁是自旋禁戒的，故其寿命长。在弱晶场时，这两个能级比较接近，在室温或更高的温度下，由于热激发，^2E能级上的粒子会跃迁到较高的$^4T_2$能级上，^2E能级在此就相当于一个粒子库，不断地将粒子输送到$^4T_2$能级，从而能够获得较大的电子振动模的粒子数反转，提高增益并降低阈值。因此获得弱晶场是探索新型可调谐激光晶体的基本途径之一。但是，如何从众多的化合物中筛选出具有弱晶场的基质材料？人们研究总结出几种探索可调谐激光晶体材料的有效方法。

1982 年，P. T. Kenyon[58]等对 Cr^{3+} 在不同的基质晶体中所处的晶场进行了分析，得出了一系列的结论。对 Cr^{3+} 来说，基态$^4A_2$ 和激发态^2E 都来自能量较低的 t_{2g} 轨道，而处于激发态$^4T_2$的电子组态为 $t_{2g}^2 e_g$。由于 e_g 轨道指向配位八面体的轴向，因而若一个电子处于 e_g 轨道，将导致 Cr^{3+} 和它的最紧邻配位离子之间的平衡距离发生变化。因此，只要$^4T_2$组态的轨道有电子占据，最终都会导致配位多面体的畸变，这种畸变其实就是低晶体场基质能够产生宽带发射的主要原因。由于理想的八面体对称很少见，一般情况下由于对称性的降低，八面体对称总要稍稍偏向于 D_4、D_3、D_2等。由于八面体对称场的畸变很小，还是近似于八面体，所以一般情况下还是按照八面体对称去对光谱的大致特征进行分类。对于 Cr^{3+}，单独的三角畸变和轨道 – 自旋耦合都不能使基态$^4A_2$发生分裂。

P. T. Kenyon[58]等根据不同的晶体场强度所表现的发射特点不同来对基质进行分类，引入了参数 ΔE，用于表示激发态^2E 和$^4T_2$ 之间的能量差。如图 1.3 所示，它可以通过分别测量^2E 和$^4T_2$态的零声子线的位置得到。从图中可以看出，能够产生可调谐激光输出的只能是中晶场和低晶场材料，为了系统性地寻找潜在的可调谐激光晶体基质材料，P. T. Kenyon 等[58]提出了几条一般性的原则。

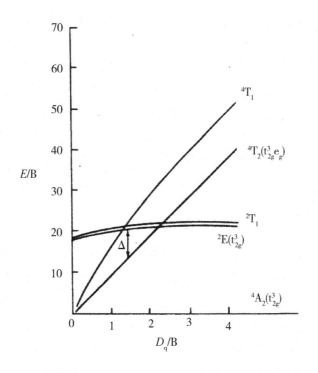

图1.3　八面体场中 Cr^{3+} 的能级简略示意图

1.3.2.1　光谱化学序列原理

八面体轨道分裂能 D_q 取决于中心离子和配位体两方面，对一定的中心离子则应由配位体所提供的场强决定。从含有各种中心离子和配位体的大量配合物的吸收光谱数据发现，配位体按照它使中心离子 d 轨道分裂的能力，即造成 D_q 值的大小，可以排列成一个序列，通常被称为光谱化学序列。常见的光谱化学序列如下。

根据实验结果得到如下光谱化学序列。

配位： Br < Cl < F < O < S < N < C

发射： $^4T_2 \rightarrow ^4A_2$; $^4T_2, ^2E \rightarrow ^4A_2$; $^2E \rightarrow ^4A_2$

其中所列各原子为距离发光中心离子最邻近的原子，该序列将吸收光谱与最邻近的原子特性联系起来。从左到右，吸收谱中心向短波方向移动。因此低场介质在某些氧化物和卤化物中比在硫化物和氰化物中更可能获得，其中典型代表是 Cr^{3+}：LiCAF 和 Cr^{3+}：LiSAF 的发明。

1.3.2.2 间距原理

在强场近似下，电子的能级由拉卡参数 B、C 决定，它们被用来表示电子之间相互作用的强度。3d 离子的能级之间的跃迁可以用 T‑S 能级图子以解释。对于处于八面体场中的 Cr^{3+} 基态为 $^4A_2$，在强场情况下，最低激发态是 ^2E；在弱场情况下，最低激发态是 $^4T_2$。区分强场弱场的标准如表 2‑2 所示。

表 2‑2　八面体场中掺铬离子可调谐激光晶体的晶场分类

强场	$D_q/B > 2.3$	$\Delta > 0$	$^2E \rightarrow ^4A_2$
中场	$D_q/B \approx 2.3$	$\Delta \approx 0$	$^2E, ^4T_2 \rightarrow ^4A_2$
弱场	$D_q/B < 2.3$	$\Delta < 0$	$^4T_2 \rightarrow ^4A_2$

在八面体场中，考虑单个 d 电子的情况，3d 轨道分裂成两组能量不同的轨道 t_{2g} 和 e_g，在点电荷近似下，晶场分裂参数 D_q 可以表示为

$$D_q = \frac{Ze^2 r^4}{24\pi\varepsilon_0 R^5} \qquad (1-1)$$

其中，Z_e 是配位离子的电荷数；R 是中心离子和配位离子之间的距离；r 是中心离子半径。如果是多个电子还要考虑电子和电子之间的相互作用。由此可以看出，要寻找弱晶体场材料，可以从 R 值着手，争取使中心离子与配位离子之间的距离尽可能大。

根据晶场理论，在点电荷模型中，晶场强度参数 D_q 与配位离子距中心离子距离 R 的五次方成反比。因此，选择晶格参数较大的基质，或者选取半径较小的离子，均可有效地使晶场强度降低。运用这些原理 G. Huber 等人[22]研制成掺 Cr^{3+} 的石榴石激光晶体，Cr^{3+}：YGG、Cr^{3+}：GGG、Cr^{3+}：YSGG、Cr^{3+}：GSGG 和 Cr^{3+}：LLGG 晶场强度依次降低，荧光强度依次增加，带宽依次加宽，发射波长依次向长波方向移动。

1.3.2.3 尺寸效应原理

除上述之外，著者近年发现在一些双金属化合物中，晶体场的强度与金属离子的尺寸存在着密切关系。例如，双金属硼酸盐 $RX_3(BO_3)_4$ 中由两个三价阳离子 R、X 和 BO_3 基团组成，其中，R 代表 Y^{3+} 和三价镧系元素，占据晶体中畸变的氧三角棱柱中；X 代表 Al^{3+}、Ga^{3+}、Cr^{3+} 和 Sc^{3+} 等元素，占据晶体中畸变的氧八面体中；R 和 X 的离子依次增大，即 Lu(0.86 Å①) $\rightarrow$ Y(0.95 Å) $\rightarrow$

---

① 说明：Å 是晶体结构中一种长度单位的习惯用法，如结构化学杂志上发表的论文迄今都是用 Å 作为长度单位。

Gd(1.11 Å) → La(1.15 Å), 和 Al(0.55 Å) → Ga(0.62 Å) → Cr(0.65 Å) → Sc(0.83 Å), 作者[60]在研究掺 Cr^{3+} 的 $RX_3(BO_3)_4$ 双金属硼酸盐的光谱特性时发现, 掺 Cr^{3+} 的 $RX_3(BO_3)_4$ 双金属硼酸盐的晶场强度与 R 和 X 金属离子尺寸之间有着密切关系, 存在着一种"尺寸效应"。当 R 不变, 随着 X 尺寸增大, 晶场强度 D_q/B 逐渐减弱; 当 X 不变时, 随着 R 尺寸增大, 晶场强度 D_q/B 逐渐减弱。换句话说, R 和 X 的半径越大, 晶场强度越弱。

参考文献

[1] Johnson L F, Dietz R E, Guggenheim H J. Optical maser oscillation from Ni^{2+} in MgF_2 involving simultaneous emission of phonons [J]. Phys. Rev. Lett. , 1963, 11: 318 – 322.

[2] Johnson L F, Dietz R E, Guggenheim H J. Spontaneous and stimulated emission from Co^{2+} ions in MgF_2 and ZnF_2 [J]. Appl. Phys. Lett. , 1964, 5: 21 – 22.

[3] Johnson L F, Guggenheim H J. Phonon – terminated coherent emission from V^{2+} ions in MgF_2 [J]. J. Appl. phys. , 1967, 38: 4837 – 4839.

[4] Sorokin P P, Severson M J. Solid – state optical maser using divalent samarium in calcium fluoride [J]. IBM J. Res. Develop. , 5

(1961)56 – 58.

[5] Lai S T. Highly efficient emerald laser [J]. J. Opt. Soc. Am. , B, 1987, 4: 1286 – 1290.

[6] Shand M L, Lai St. CW alexandrite pumped emerald laser [J]. IEEE J. Quan. Elec. , 1984, QE – 20: 105 – 108.

[7] Payne S A, Chase L L, Newkirk H W, Smith L K, Krupke W F. LiCaAlF$_6$: Cr^{3+}: a promising new solid – state laser' material [J]. IEEE, J. Quan. Elec. , 1988, QE – 24: 2243 – 2252.

[8] Payne S A, Chase L L, Wilke G D. Optical spectroscopy of the new laser materials, LiSrAlF$_6$: Cr^{3+} and LiCaAlF$_6$: Cr^{3+} [J]. J. Lumin. , 1989, 44: 167 – 176.

[9] Scheps R, Myers J F, Payne S A. CW and Q – switched operation of a low threshold Cr^{3+}: LiCaAlF$_6$ laser [J] . IEEE Photon. Technol. Lett. , 1990, 2: 626 – 628.

[10] Lai S T, Shand M LHigh efficiency CW laser – pumped tunable alexandrite laser[J]. J. Appl. Phys. , 1983, 54: 5642 – 5644.

[11] Walling J C, Jenssen H P, Morris R C, O'Dell E W, Peterson O G. Tunable laser performance in BeAl$_2$O$_4$[J]. Opt. Lett. , 1979, 4: 182 – 183.

[12] Walling J C, Peterson O G, Jenssen H P, Morris R C, O'Dell E W. Tunable alexandrite lasers [J] . IEEE. J. Quan. Elec. , 1980, QE – 16: 13021315.

[13]Walling J C, Heller D F, Samuelson H, Harter D, Pete J A, Morris R C. Tunable Alexandrite laser: development and performance[J]. IEEE J. Quan. Elect. , 1985, QE – 21: 1568 – 1581.

[14]Payne S A, Chase L L, Smith L K, Kway W L, Newkirik H W. Laser performance of $LiSrAlF_6$: Cr^{3+} [J]. J. Appl. Phys. , 1989, 66: 1051 – 1058.

[15]Stalder M, Chai B H T, M Bass. Flashlamp pumped Cr: $LiSrAlF_6$ [J]. Appl. Phys. Lett. , 1991, 59: 58 – 64.

[16]Lai S T, Chai B H T, Long M, Morris K C. $ScBO_3$: Cr – A room temperature near – infrared tunable laser [J] . IEEE, J. Quan. Elec. , 1986, QE – 22: 1931 – 1933.

[17] Struve B, Huber G. Laser performance of Cr^{3+} : Gd (Sc, Ga) garnet[J]. J. Appl. Phys. , 1985, 57: 45 – 48.

[18] Struve B, Huber G, Laptev, V V, Shcherbakov I A, Zharikov E V. Tunable room – temperature CW laser action in Cr^{3+} : GdScGa – Garnet[J]. Appl. Phys. B, 1983, 30: 117 – 120.

[19]Meier J V, Barnes N P, Remelius D K, Kokta M R. Flash lamp – pumped Cr^{3+} : GSAG laser[J]. IEEE J. Quan. Elec. , 1986, 22: 2058 – 2064.

[20] Krupke W F, Shinn M D, Marion J E, Caird J A, Stokowski S E. Spectroscopic, optical, and thermomechanical properties of neodymium – and chromium – doped gadolinium scandium galli-

um garnet[J]. J. Opt. Soc. Am. B, 1986, 3: 102 – 108.

[21]Caird J A, Payne S A, Staver P R, Ramponi A J, Chase L L, Krupke W F. Quantum electronic properties of the $Na_3Ga_2Li_3F_{12}$: Cr^{3+} laser[J]. IEEE, J. Quan. Elec. , 1988, QE – 24: 1077 – 1089.

[22]Huber G, Petermann K. Tunable Solid – State Lasers[M]. ed. by HAMMERLING P, BUDGOR A B, PINTO A A, Berlin: Springer, 1985, p11 – 28.

[23] Druke J, Struve B, Huber G. Tunable room – temperature CW laser action in Cr^{3+}: GdScAl – garnet[J]. Opt. Comm. , 1984, 50: 45 – 52.

[24] Caird J A, Staver P R, Shinn M D, Guggenheim H J, Bahnck D. Tunable Solid State Laser II[M], ed. by BUDGOR A B, ESTEROWITZ L, DESHAZER L G. Berlin: Springer, 1986.

[25] Jenssen H P, Lai S T. Tunable laser characteristics and spectroscopic properties of $SrAlF_5$: Cr[J]. J. Opt. Soc. Am. B, 1986, 3: 115 – 118.

[26] Fuhrberg P, Luhs W, Syruve S, Litfin G. Tunable Solid State Laser II[M]. ed. by BUDGOR A B, ESTEROWITE L, DE-SHAZER L G, Berlin: Springer, 1986.

[27] Brauch U, Durr U. $KZnF_3$: Cr^{3+} – a tunable solid state NIR-laser[J]. Opt. Comm. , 1984, 49: 61 – 64.

[28]Kolbe W, Petermann K, Huber G. Broadband emission and

laser action of Cr^{3+} doped zinc tungstate at 1 钐 SymbolmA@ m wavelength[J]. IEEE, J Quan. Elec. , 1985, QE – 21: 1596 – 1599.

[29]Lai S T, Chai B H T, Long M, Shinn M D. Room temperature near-infrared tunable Cr: $La_3 Ga_5 SiO_{14}$ [J]. IEEE, J. Quan. Elec. , 1988, QE – 24: 1922 – 1931

[30] Kaminskii A A, Shkadarevich A P, Mill V V, Kuptev V G, Demidovich A A. Wide – band tunable stimulated-emission from a $La_3 Ga_5 SiO_{14}$: Cr^{3+} crystal[J]. Inorg. Mater. , 1987, 23: 618 – 619

[31] Kaminskii A A, Shkadarevich A P, Mill V V, Kuptev V G, Demidovich A A. Tunable stimulated – emission of Cr^{3+} ions and generation frequency self – multiplication effect in a centric crystals of Ca – gallocermanate structure [J] . Inorg. Matter. , 1988, 24: 579 – 581.

[30] Kaminskii A A, Shkadarevich A P, Mill V V, Kuptev V G, Demidovich A. Wideband tunable stimulated – emission of Cr^{3+} ions in the trigonal crystal $La_3 Ga_{5.5} Nb_{0.5} O_{14}$[J]. Inorg. Matter. , 1987, 23: 1700 – 1702.

[33] Petricevic V, Guyen S K, Alfaano R R, Yamagiski K, Anzai H, Yamguchi Y. Laser action in chromium – doped forsterite [J]. Appl. Phys. Lett. , 1988, 52: 1040 – 1048.

[34]Petermann K, Mitzscherlich P. Spectroscopic and laser properties of Cr^{3+} – doped $Al_2 (WO_4)_3$ and $Sc_2 (WO_4)_3$ [J]. IEEE,

J. Quan. Elec. , 1987, QE − 23: 1122 − 1126.

[35] Sugmoto A, Segawa Y. Flash lamp pumped tunable Ti:
BeAl$_2$ O$_4$ laser [J] . Japan. J. Appl. Phys. II, 1990, 29: L1136 −
1137.

[36] Moulton P. Ti − doped sapphire: a tunable solid state laser
[J]. Opt. News, 1982, 8: 9 − 11.

[37] Sugimoto A, Segawa Y, Namba S. Spectroscopic properties
of Ti^{3+} − doped BeAl$_2$ O$_4$ [J] . J. Opt. Soc. Am. B, 1989, 6:
2334 − 2338.

[38] Welford D, Moulton P F. Room − temperature operation of a
Co: MgF$_2$ laser[J]. Opt. Lett. , 1988, 13: 975 − 976.

[39] Lawson J K, Payne S A. Excited − state absorption spectra
and gain measurements of CaF$_2$: Sm^{2+} [J]. J. Opt. Soc. Am. B, 1991,
8: 1404 − 1411.

[40] welford d, moulton p f. Room − temperature operation of Co:
MgF$_2$ laser[J]. Opt. Lett. , 1988, 13: 975 − 977.

[41] Dubinskii M A, Semashko V V, Naumov A K, Abdulsabi-
rov R Y, Korableva S L. Ce^{3+} − doped colquiriite a new concept of all-
solid-state tunable ultraviolet laser[J]. Laser Phys. , 1993, 3: 216 −
221.

[42] Ehrlich D J, Moulton P E, Osgood R M. Ultraviolet solid −
state Ce: YLF laser at 325nm [J] . Opt. Lett. [J], 1979, 40:

184 - 185.

[43] Verdumn H P, Thomas L M, Andrauskas D M, Mccollum T, Pinto A. Chromium – doped forsterite laser pumped with 1. 06 钚 SymbolmA@ m radiation[J]. Appl. Phys. Lett. , 1988, 53: 2593.

[44] Petricivic V, Gayen S, Alfano R R. Laser action in chromium – activated forsterite for near – infrared excitation: is Cr^{4+} the lasing ion? [J]. Appl. Opt. Lett. , 1988, 28: 2590 – 2597.

[45] Eilers H, Dennis W M, Yen W M, Kuck S, Peterman K, Huber G, Jia W. Performance of a Cr: YAG laser [J]. IEEE J. Quan. Elec. [J], 1993, QE – 29: 2508 – 2512

[46] Eilers H, Hoffman K R, Dennis W M. Saturation of 1. 064 钚 SymbolmA @ m absorption in Cr, Ca: $Y_3 Al_5 O_{12}$ crystals [J]. Appl. Phys. Lett. , 1992, 61: 2958 – 2966.

[47] Kueck S, Koetke J, Petermann K. Quasi – continuous wave laser operation of Cr^{4+} – doped $Y_2 SiO_5$ at room temperature [J]. Opt. Comm. [J], 101(1993)195 – 159.

[48] Maker G T, Ferguson A I. Ti – sapphire laser pumped by a frequency – doubled diode – pumped Nd – YLF laser[J]. Opt. Lett. , 1990, 15: 375 – 377.

[49] Steele T R, Gerstenberger D C, Drobshoff A D, Wallace R W. Broadly tunable high – power operation of an all-solid – state titanium – doped sapphire laser system [J]. Opt. Lett. , 1991, 16:

399 – 401.

[50] Harrison J, Finch A, Rines D M, Rines G A, Moulton P F. Low – threshold, CW, All – solid – state Ti：Al_2O_3 laser [J]. Opt. Lett. , 1991, 16：581 – 583.

[51] Scheps R, Gately B M, Myers J F, Krasinski J S. Alexandrite laser pumped by semiconductor – laser [J]. Appl. Phys. Lett. , 1990, 56：2288 – 2290.

[52] Scheps R, Myers J F, Berreze H B, Rosenberg A, Morrs R C, Long M. Diode – pumped Cr – $LiSrAlF_6$ laser [J]. Opt. Lett. , 16 (1991) 820 – 822.

[53] Scheos R. Cr – $LiCaAlF_6$ laser pumped by visible laser – diodes [J]. IEEE. J. Quan. Elec. , QE – 27 (1991) 1968 – 1970.

[54] 臧竞存, 刘燕行. 方兴未艾的二极管泵浦的激光晶体材料 [J]. 激光技术, 1994, 19：65 – 68.

[55] 沈鸿元. 激光晶体的研究动向 [J]. 人工晶体学报, 1995, 24：72 – 81.

[56] 赵卫疆, 于俊华, 张华, 赵旭光, 周更夫, 单频可调谐 Cr^{3+}：LiSrAlF6 激光器的进展 [J]. 激光技术, 2000, 24：229 – 232.

[57] 王国富. LD 泵浦激光晶体材料的新发展 [J]. 人工晶体学报, 1998, 27：390 – 395.

[58] Kenyon P T, Andrews L, Mccollum B, Lempicki

A. Tunable infrared solid – state laser materials based on Cr^{3+} in low ligand – fields [J] . IEEE J. Quan. Elec. , 1982, QE – 18: 1189 – 1197.

[59] Henderson B, Yamaga M, O'Donnell P. Optical character-ization of tunable solid – state laser gain media [J]. Opt. Quan. Elec. , 1990, 22: S167 – S198.

[60] Wang G F. Research Progress in Materials Science [M]. ed. by OLSSON W, LINDBERG F, New York: Nova Science Publish-ers, Inc. 2009, p1 – 24.

第 2 章　掺 Cr^{3+} 的可调谐激光
晶体材料理论基础

§2.1　可调谐激光晶体物理基础[1-11]

在激光器中所有能量都是增益介质通过受激发射光子的形式而释放出来的，光子的受激发射与晶格中振动能量(声子)的发射存在耦合时，就可以实现可调谐发射。在这种电子振动的激光器中，激光跃迁的总能量是固定的，但可以连续地分配在各个声子上，因此激光输出波长的调谐范围可以很大。

过渡金属离子之所以能在基质晶体中产生宽带发射，主要是由激活离子本身的性质及其所处晶体场对激活离子的影响来决定的。过渡金属离子电子组态为 $1s^2 2s^2 2p^6 3s^2 3p3d^n$ ($n = 1 \sim 9$)，在离子固体中失去最外层的电子形成 +2，+3，+4 价的离子。由于 $3d^n$ 壳层中的电子没有外壳层的屏蔽，电子运动受晶体场和晶格振动的影响较大，激发态与基态之间位形坐标的原点有较大位移，发射和吸收谱包括了多声子跃迁的边带，形成了较宽的吸收带和荧光发射带。

晶体场的作用可用静态和动态两种作用进行解释。静态作用是指晶体场强度随激活离子和配位离子之间距离的变化而变化的关系。动态作用是指电子 – 声子耦合作用，即过渡金属离子的外层电子与基质晶体的晶格振动 – 声子发生耦合作用。

2.1.1 晶体场理论的基本原理

晶体场，顾名思义即晶格产生的电场，它与晶体结构和离子组成有关。晶体场的主要作用有三个：（1）使宇称选择定则放松；（2）使离子能级产生分裂；（3）使简并度部分或全部消除。

晶体场理论只考虑中心离子和配体之间的静电相互作用，将离子和周围配体间的相互作用简化为单个离子与周围配体的静电作用，着眼点是中心离子 d 轨道在周围配位体影响下的能级分裂。电子在分裂了的轨道上的排布状态，决定了配位场的光谱、磁性、稳定性和几何构型等性质。固体中过渡金属离子的最外层电子组态为 $3d^n$，即最外层的价电子是 n 个 d 电子。在自由离子状态时，这些 d 电子都是处在 3d 轨道中，d 轨道是五重简并，即有五个相同的能量 d 轨道。在固体中，由于晶体场的非对称性分布，这五个 d 轨道的对称性发生变化，因此能量就不再完全相同，能级发生分裂，简并度降低。过渡金属离子在晶格中一般呈八面体或四面体配位，下面以正八面体晶体场(O_h)为例解释一下过渡金属离子 d 轨道能级的分裂。

自由金属离子在带负电荷的晶体场中所受的作用，可定性地分为球对称部分和场对称部分。负电场的静电排斥作用对所有 d 轨道是相同的，使所有的 d 轨道能级都上升 E_s。正八面体配合物中 d 轨道的能级分裂选取如图 2.1 所示的坐标轴。6 个配位体沿着三个坐标轴正、负方向($\pm x$，$\pm y$，$\pm z$)接近中心离子，根据五个 d 轨道在空间的取向可以看出，负电荷对 $d_{x^2-y^2}$ 和 d_{z^2} 轨道的电子排斥作用大，使这两轨道的能级上升，而 d_{xy}、d_{xz}、d_{yz} 轨道夹在坐标轴之间，受到的排斥较小，能级降低，这样 d 轨道分裂成两组：一组是能量较高的 d_{z^2} 和 $d_{x^2-y^2}$（二重简并），另一组是能量较低的 d_{xy}、d_{xz} 和 d_{yz}（三重简并）。

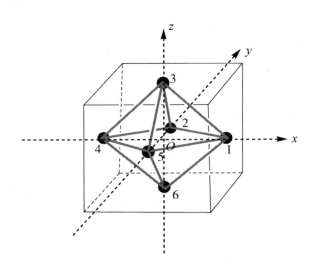

图 2.1　正八面体及其坐标

在正八面体 O_h 群中，$d_{x^2-y^2}$，d_{z^2} 同属 e_g 不可约表示（e 表示二重简并，g 表示中心对称）。d_{xy}、d_{yz}、d_{xz} 同属 t_{2g} 不可约表示（t 表示三重简并，2 表示第 2 组），e_g 和 t_{2g} 的能级差为 $\Delta 0$（或 10 D_q），称为分裂能。根据量子力学中的重心不变原则可计算出八面体场中 e_g 能级上升 $6D_q$，t_{2g} 能级下降 $4D_q$（与 E_s 能级相比），如图 2.2 所示。

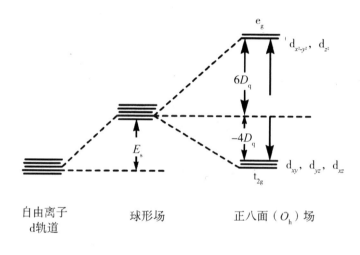

图 2.2 d 轨道在正八面(O_h)场中的能级分裂

e_g 和 t_{2g} 轨道的能量可以根据 d 轨道在分裂过程中总能量保持不变这一原理来计算。e_g 两个轨道中可容纳 4 个电子，t_{2g} 三个轨道中可以容纳 6 个电子，因此，d 轨道在分裂后的总能量应为

$$4E(e_g) + 6E(t_{2g}) = 0 \qquad (2-1)$$

由此可得到：

$$E(e_g) = 6D_q \qquad E(t_{2g}) = -4D_q \qquad (2-2)$$

即 $E(e_g)$ 轨道能量上升了 $6D_q$，而 $E(t_{2g})$ 轨道能量下降

了 $4D_q$。

2.1.2 晶体场作用的量子力学解释

在固体中激活离子要受到周围其他离子或者配位体的静电场作用，将激活离看作中心离子，而配位体则可看作具有一定极性的恒定外静电场（晶体场），晶体场对电子能级的主要影响是引起其光谱项的分裂。静电场对每个外壳层电子的影响由中心离子与静电场的哈密顿（hamiltonian）所决定。

激活离子能级的能量 E 及其本征波函数 Ψ 通过薛丁谔方程求解：

$$H\Psi = E\Psi \qquad (2-3)$$

这里，晶体内具有 N 个电子的激活离子总哈密顿量写作：

$$H = H_0 + V_f \qquad (2-4)$$

式中：H_0 是自由离子哈密顿算符，V_f 是晶体场的位能。由于实际上不可能求出多电子离子薛丁谔方程的精确解，所以采用各种近似方法，其中包括微扰理论来求解。微扰理论假设 H_0 的本征函数和本征值是已知的，而将 V_f 看作微扰。

自由离子中存在有多种基本相互作用，其中最主要的相互作用是库仑项 V_{ee}，它描述电子同核电荷 Z_e 的相互作用和电子间静电排斥的相互作用：

$$V_{ee} = \sum_{i=1}^{N} \left(\frac{P_i^2}{2m} - \frac{Z_e^2}{r_i} \right) + e^2 \sum_{j>i=1}^{N} \frac{1}{r_{ij}} \qquad (2-5)$$

式中：e 为电子电荷；m 是电子质量；P_i 是电子动量；r_i 是从核到 i 电子的径向量；r_{ij} 是 j 电子和 i 电子之间的径向量。同一组态的电子在不同状态下的库仑斥力会产生不同的能级，即谱项。

第二个重要的相互作用是电子自旋和轨道耦合作用，即罗素 – 桑德斯耦合，自旋 – 轨道相互作用能 V_{so} 可写作：

$$V_{so} = \lambda LS \qquad (2-6)$$

这里 λ 为自旋 – 轨道相互作用常数，或称多重态结构系数，它由下式估算

$$\lambda = 200(Z-5)\,\mathrm{cm}^{-1} \qquad (2-7)$$

除了自旋 – 轨道相互作用 V_{so} 外，还存在磁相互作用，即磁电子静磁场的直接相互作用，但这种相互作用能量约为 cm^{-1} 数量级，可予以忽略。同样由于核自旋和核四极矩角动量引起更弱的相互作用也可略而不计，这样晶体内激活离子总哈密顿量可写作：

$$H = V_{ee} + V_{so} + V_f \qquad (2-8)$$

由此可得出，晶体场对激活离子能级的影响将取决于 V_f 对 V_{ee} 和 V_{so} 数值之比，它可分成三种情况：弱晶场（$V_{ee} >> V_{so} >> V_f$），中等晶场（$V_{ee} >> V_f >> V_{so}$）和强晶场（$V_f >> V_{ee} >> V_{so}$）。稀土元素和锕系元素离子属弱晶场情况，其内层被激发的 4f 或 5f 电子与晶体中周围离子的直接相互作用被 5s 和 5p 或 6s 和 6p 的外电子层所屏蔽。因此各个晶体的吸收光谱和荧光光谱的特性一般差异不大，并且其斯塔克能级聚集在自由离子能级位置附近。

在中等晶体场情况下，晶体场通常一级近似地作为对自由离

子能级的微扰，而不考虑其自旋 – 轨道相互作用产生的精细结构，结果斯塔克分裂(Stark split)超过了内多重态分裂，但仍小于相邻多重态间的能隙。一些晶体中的过渡金属离子(具有未充满 3d 壳层)具有这种特性。在强晶体场情况下(相应于钯族和铂族离子)，斯塔克分裂超出了各多重态间的能隙。

2.1.3　晶格振动 – 电声子耦合作用

过渡金属离子与晶格振动的相互作用比较强，在光跃迁的过程中可能同时发生晶格振动状态的改变，或者说声子的发射或吸收。因此，吸收和发射光谱的频率就变成 $\nu = \dfrac{(E_f^e - E_i^e) \pm p\varepsilon}{h}$，这里 ε 代表起作用的声子的能量，p 代表吸收或发射的声子数，$E_f^e - E_i^e$ 分别表示 f 态和 i 态的能量。吸收或发射的声子数不一样，接收到的光频率就不一样。当没有这种晶格振动作用时的频率是

$\nu = \dfrac{(E_f^e - E_i^e)}{h}$，这是单一的一条谱线，称为零声子线。有了电声子相互作用时，得到的就是对应于一系列频率不同的谱线。由于热加宽，只有在很低的温度下才能够观察到分立的谱线。在室温下观测到的就是一个比较宽的谱带，这就是所谓声子边带。

这种与晶格振动耦合比较强系统的光谱可采用所谓位形坐标的方法进行解释。位形坐标可用于解释分立发光中心的光学性质，尤其是与晶格振动相关的光学性质。按照这个模型，要把处于最

紧邻配位离子中心的发光中心简化，绝大多数情况下，可以忽略相距较远的其他离子的作用而把发光离子看作孤立中心。在这种情况下，大量的晶格振动模型可以简化为少数的几个简正坐标或具体简正坐标的系统，这些简正坐标就叫作位形坐标。位形坐标模型可以在势能曲线的基础上解释分离中心的发光性质，每一条势能曲线是把发光中心的基态或激发态的总能量作为位形坐标的函数所得出的曲线。这里，总能量是指电子能量和离子能量的总和。

位形坐标模型可以定性地解释诸多现象，如以下几种。

（1）斯托克斯（Stokes）漂移，即在大多数情况下吸收的能量总高于发射的能量，两者之间的能量差就叫作斯托克斯漂移，如图 2.3 所示。

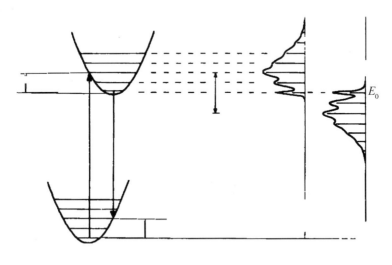

图 2.3　斯托克斯漂移示意图

（2）吸收带和发射带的宽度以及它们的温度依赖关系。

图2.4 所示为发光离子的光学跃迁过程位形坐标模型示意图，假定发光离子和最近邻离子之间的价键作用力可用虎克定律表达，离子相对于平衡位置的偏离可以看作位形坐标（用 Q 表示），基态 U_g 的总能量和激发态 U_e 的总能量由关系式（2－8）和（2－9）给出：

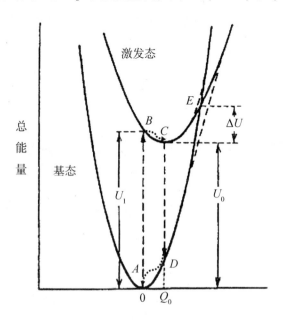

图2.4　位形坐标模型示意图

$$U_g = K_g \frac{Q^2}{2} \qquad (2-9)$$

$$U_e = K_e \frac{(Q-Q_0)^2}{2} + U_e \qquad (2-10)$$

其中，K_g 和 K_e 是化学键的力常数；Q_0 是基态平衡位置时原子间的距离；U_0 是 $Q=Q_0$ 时的总能量。

由于基态和激发态之间的电子轨道空间分布不同，引起了电子波函数和近邻离子相互交叠的不同，进一步引起基态和激发态平衡位置和力常数的改变，这就是产生斯托克斯漂移的原因。处于激发态时电子轨道越大，造成电子轨道的能量受位形坐标的影响越小，也就是说，激发态的势能曲线更加平缓。

在图 2.4 中，吸收和发射过程可用竖直的短划线箭头表示，可以认为发光离子核的位置在整个光学过程中保持不变，这就是所谓的 Frank – Condon 原理。由于原子核要远比电子的重量大 $10^3 \sim 10^5$ 倍，所以说这种近似是合理的。从基态平衡位置开始的吸收过程用箭头 AB 表示，受激电子由于晶格振动损失能量的几率为 $10^{12} \sim 10^{13} \mathrm{s}^{-1}$，光发射的几率最多为 $10^9 \mathrm{s}^{-1}$。所以在发光之前，电子从状态 B 弛豫到平衡位置 C，发光过程为 CD，弛豫过程是 DA。一定温度下，电子态在平衡位置附近沿着位形坐标曲线振动，可达到热能 kT。振动的幅度就形成了吸收和发射跃迁的宽度。

当两个位形坐标曲线相互交叉时，激发态的电子可以在热能的作用下通过交点 E 无辐射地到达基态，如图 2.4 所示。也就是说，若假定非辐射弛豫过程具有激活能 ΔU，单位时间内的跃迁几率 N 可由下表示：

$$N = s \cdot \exp \frac{-\Delta U}{\mathrm{kT}} \qquad (2-11)$$

其中，s 是基态和激发态之间跃迁几率和从激发态到达交点 E 的频率的乘积，s 可以看作一个常数，由于温度对它的影响很弱，故可把它叫作频率因子，其典型的数量级为 $10^{13} \mathrm{s}^{-1}$。

利用方程 $(2-11)$，用 W 表示荧光几率，荧光效率 η 可表

示为

$$\eta = \frac{W}{W+N} = \left[1 + \frac{s}{W}\exp\frac{-\Delta U}{kT} \right]^{-1} \qquad (2-12)$$

如果激发态 C 的平衡位置处于基态位形坐标曲线的外面，激发态和基态相交而使电子从 B 弛豫到 C，产生无辐射跃迁过程。

因为基态和激发态的离子的位置不同，故位形坐标的差 $(Q_0 - Q'_0)$ 可以用来衡量电 – 声子耦合作用的大小。电子 – 声子相互作用能，也就是晶格弛豫能为

$$E = \frac{1}{2}M\omega^2 (Q - Q_0)^2 \qquad (2-13)$$

其中，M 是离子的质量；ω 是晶格振动频率。

晶格弛豫能所折合的声子数为

$$\frac{1}{2}M\omega^2 (Q - Q_0)^2 = Sh\omega \qquad (2-14)$$

其中，S 叫作黄昆 – 里斯因子，表示两个电子能级对基质环境的敏感不同，衡量电子 – 声子耦合作用的程度。

§2.2　过渡金属离子光谱基本理论基础[9,10]

2.2.1　过渡金属离子在基质中的电子光谱

在配位场作用下，自由离子的简并的五个 d 轨道要发生能级

分裂，例如在八面体场中分裂成两组，一组是能量较高的 e_g 轨道
（ d_z^2 、 $d_x^2 - d_y^2$ ），另一组是能级较低的 t_{2g} 轨道（ d_{xy} 、 d_{xz} 、 d_{yz} ），两组
轨道之间的能量差称为分裂能 Δ_0 。当这些轨道没有全被电子充满
时，电子可以在两组轨道之间进行跃迁，这种跃迁产生的光谱就
称为配位场光谱，或称为 d–d 光谱。

2.2.2 自由原子或离子的组态

在自由原子或离子中，电子排布是按泡利原理和能量最低原
理填充在原子轨道上的。原子或离子把其所有的电子填充在给定
的原子轨道上的排布方式称为电子组态。如 Cr^{3+} 离子的电子组态
为 $1s^2 2s^2 2p^6 3s^2 3p^6 3d^3$ ，其中内层轨道已被电子填满，称为闭壳
层。对于闭壳层，由于轨道已全部被电子填满，其电子排布方式
只有一种，但对于未填满电子的轨道，电子的排布方式则有很多
种，每一种排布方式都反映了这个组态的一个微观状态，称为微
组态。

同一组态的电子(不考虑电子间相互作用)能级是相同的，即
简并的。对于同一电子组态可以存在有许多不同的微观状态，在
不同的微观状态中，电子之间的相互作用不一定相同，因此同一
电子组态，若考虑电子间相互作用，往往存在多个能级。

2.2.3 自由原子或离子的光谱项

当考虑电子间的静电排斥作用时，显然排布方式不同，电子之间排斥就不同。在物理学中，同一电子组态中的电子由于考虑其电子排斥作用，而引起原来的简并轨道分裂成能级不同的若干种状态，把这种分裂后的能级叫光谱项，通常用^{2s+1}L表示，其中L是总的轨道角动量量子数，S是总自旋量子数，$2S+1$称为谱项多重度。当$L=0$，1，2，3，4，5，6，7，8，…时分别用S，P，D，F，G，H，I，K，L，…表示。由于单电子的轨道角动量属于向量范畴，因此，多电子体系的总轨道角动量L是通过单电子轨道角动量l的向量加和而成，即$L = \sum_i l_i$（l_i是第i个电子的角动量）。L与总轨道角动量量子数有下式关系$|\vec{L}| = \sqrt{L(L+1)}\dfrac{h}{2\pi}$，$L$是总轨道角动量量子数。

与此类似，总自旋角动量为$\vec{S} = \sum_{i=0}^{n} \vec{s_i}$（$s_i$是第$i$个电子的自旋角动量，$n$为电子的个数），且$|\vec{S}| = \sqrt{S(S+1)}\dfrac{h}{2\pi}$（$S$等于零，正整数或半整数）。$S$为总的自旋角动量量子数，它的数值等于$S = \sum_i s_i$（$s$为单个电子的自旋量子数，等于$+1/2$或$-1/2$）。

在考虑电子之间相互作用后，计算表明体系能量仅与L，S有关，L，S相同，能量就相同，同一谱项可有$(2L+1)(2S+1)$个能量相同的状态。如 $3d^2$ 组态，可分裂出多个谱项。在这些谱项中能量最低的谱项称为基谱项。严格来说，谱项具体能量数值应该经过微扰计算与光谱数据来确定，然后根据数值决定其高低，但定性上可根据洪特第一法则来确定基谱项，即"同一组态的谱项中，S 最大者能级最低，当 S 相同，则 L 最大者能级最低"。例如，$3d^2$ 组态的五个光谱项中 ^3F 为基谱项。

2.2.4 自由原子或离子的光谱支项

如果除了考虑自由原子或离子中电子的排斥作用外，还考虑轨道角动量和自旋角动量之间的作用耦合时，从总轨道角动量 L 和总自旋角动量 S 的耦合，可得总角动量 J，即 $J = L + S$，J 叫总角动量量子数，其数值处于 $|L+S|$ 和 $|L-S|$ 之间。也就是说，考虑轨道与自旋相互作用时，同一光谱项又会分裂成不同 J 值的能级，这些能级叫作光谱支项，用 $^{2S+1}L_J$ 表示。例如 $3d^2$ 组态中基谱项 ^3F，若考虑轨道 – 自旋耦合时，由于 $L = 3$，$S = 1$，故 $J = 4$，3，2。因此，^3F 可分裂为三个光谱支项：$^3F_4$，$^3F_3$，$^3F_2$。一般说来，光谱支项之间能级差比光谱项之间能级差小得多。在同一光谱项中能级最低的光谱支项叫光谱支项的基谱项。根据洪特第二法则：对于给定的组态、多重性和轨道角动量，若组态的电子填充轨道上未达到电子最大容纳数的一半时，$J = |L-S|$ 的光谱支项能级最低，超过半数时，$J = |L-S|$ 的能级最低。

对于每个光谱支项，可有$(2J+1)$个不同的状态，在无外磁场作用时，它是简并的，只有在外磁场作用下，才又会分裂。$3d^2$组态能级分裂情况，如图2.5所示。

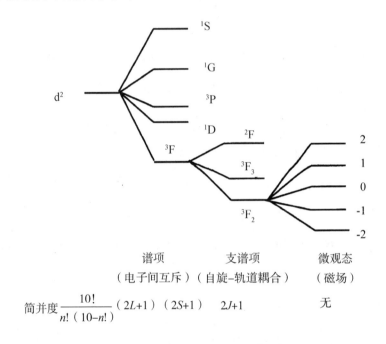

图2.5 $3d^2$组态能级分裂示意图

2.2.5 配位场谱项

金属离子同配位离子形成化合物时，中心离子就要受配位体电场的作用，因而它的电子状态就要发生变化，即自由离子的光谱项在配位体电场的作用下，要发生进一步分裂，分裂后产生的新能级称为配位场谱项。

对于多电子体系，根据中心离子电子间的相互作用及配位场场强的相对大小可有两种推求配位场谱项的方案。

1）弱场处理方案

如果体系中电子间的相互排斥作用对能量的贡献远大于配位场的作用，则采用所谓弱场处理方法，即首先考虑中心原子或离子中电子之间的相互作用，先得到光谱项，然后再考虑配位体场对自由离子光谱项的作用而产生配位场谱项$^{2S+1}\Gamma$。在采用弱场方法处理时，又分两种情况，一种是配位场作用比电子间相互作用和自旋－轨道耦合作用都小，则先考虑电子间的作用得出光谱项，再考虑自旋－轨道耦合分裂出光谱支项，最后再考虑配位场的作用得出配位场谱项；另一种情况是配位场作用小于电子间的相互作用而大于自旋－轨道耦合作用，此时可先考虑电子间的相互作用得到自由离子光谱项，然后考虑配位场作用得到配位场谱项，再考虑自旋－轨道耦合作用得出配位场光谱支项。这两种情况推导结果相同，采用哪种程序要由这些作用的相对大小确定，至于配位场谱项能级相对高低，群论方法解决不了，只有通过量子化学计算确定。

根据光谱项写出配位场谱项的方法如下：由于多电子原子的L值与单电子原子l值具有相同的简并度，即$(2L+1)=(2l+1)$，所以光谱项在配位场作用下的分裂与单电子能级在配位场中的分裂相似。因此根据单电子原子轨道的能级分裂可以直接写出配位场谱项。表2－1列出了八面体场和四面体场中各轨道分裂情况。

由于在弱场极限情况下，配位场作用不足以改变电子自旋状态，或者说忽略了配位场对电子自旋的作用。因此在配位场作用下，由某个光谱项分裂所得到的配位场谱项都具有与原光谱项相同的自旋多重度。

2）强场处理方案

如果配位场和中心离子的作用对能量的贡献大于金属离子内部电子之间的相互作用，则首先考虑配位场对 d 电子轨道的排斥作用而引起的能级分裂，得到配位场组态，然后再考虑金属离子中电子之间的相互作用而得到配位场谱项。这种处理方法被称为强场处理方案。

表 2-1 单电子原子轨道在配位场作用下的能级分裂

轨道类型	配位场谱项	
	八面体场	四面体场
S	a_{1g}	a_1
p	t_{1u}	t_1
d	$e_g + t_{2g}$	$e + t_2$
f	$a_{2g} + t_{1g} + t_{2g}$	$a_2 + t_1 + t_2$
g	$a_{1g} + e_g + t_{1g} + t_{2g}$	$a_1 + e + t_1 + t_2$
h	$e_g + 2t_{2g} + t_{2g}$	$e + t_1 + 2t_2$
I	$a_{1g} + a_{2g} + e_g + t_{1g} + 2t_{2g}$	$a_1 + a_2 + e + t_1 + 2t_2$

§ 2.3 过渡金属离子在固体中能级[1,13]

2.3.1 静电晶体场

过渡金属是指元素周期表中第四周期的一组元素，在离子固体中这些元素失去最外壳层 4s 电子和部分 3d 电子形成离子键，它们的电子组态为

$$1s^2 2s^2 2p^6 3s^2 3p^6 3d^n \qquad (n < 10) \qquad (2-15)$$

例如：过渡金属 Cr 有 24 个电子，当它作为三价离子掺入固体中时，它失去外层 3 个电子形成离子键，它的电子组态为

$$Cr^{3+}: 1s^2 2s^2 2p^6 3s^2 3p^6 3d^3 \qquad (2-16)$$

过渡金属离子具有不完全 3d 外壳层和可以进行相互间光学跃迁的低位能级。由于 3d 轨道的电子的屏蔽，过渡金属离子与基质晶体的离子之间存在相互作用。在晶体中过渡金属离子的光谱展现出纯电子的锐跃迁和电子 – 声子耦合的宽带发射，后者可能产生宽调谐激光。显然静电场对晶体中的离子作用是很重要的，静态晶体场通常用点电荷模式来近似模拟，由点电荷表示的配位离子的静电场和配体离子假定固定在平均晶格位置。配位离子的几何排列反映了离子的结晶环境的对称性，导致了电子能级的分类。

2.3.2 晶体场的对称性

图2.6所示为特定对称的静电晶体场的三种离子排列。过渡金属离子在离子晶体中倾向于占据近八面体对称的位置，在完全八面体对称(O_h)中，中心阳离子位于六个等距负离子的中心，从原点沿$\pm x$，$\pm y$，$\pm z$正交轴每个负电荷($-Z_e$)的距离为a。在四面体对称(T_d)中阳离子置于四面体中心，四个负离子放置在正四面体的顶点上。当八个负离子放置在一个正立方体的角上，而阳离子置于立方体中心时，这种晶体场被称为立方对称。过渡金属离子最常见的多面体排列是六配位，它所占据的晶场具有八面体对称性，而实际上八面体场总有微小畸变。如果沿着立方体对角线的伸长或压缩就会畸变成三方对称，如图2.7所示。如果沿着(001)方向拉伸或压缩也会发生畸变成四方对称，如图2.8所示。更复杂的畸变会导致更低的对称性。但是，在晶体场中八面体晶体场分量最强，其他低对称性场分量比较弱。

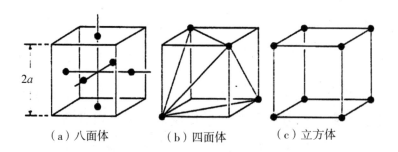

（a）八面体　　（b）四面体　　（c）立方体

图2.6　不同对称性的静电晶体场的离子排列

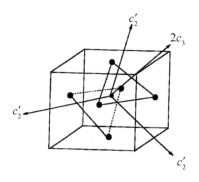 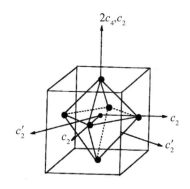

图 2.7 三方畸变的八面体晶场　　图 2.8 四方畸变的八面体晶场

2.3.3 晶体场的分类

在多电子体系中除了配位场的作用外，还存在着 N 个 d 电子间的相互作用。在这两种作用中，如果配位场的作用较大而电子相互作用较小，则称之为强晶体场。反之，若配位场的作用小于电子相互作用，则称之为弱晶体场。过渡金属离子在介质中所受到的晶场作用可视为是对自由离子的微扰，配位场的静电场对过渡金属离子外壳层电子的影响由中心离子和静电场的哈密顿量决定。过渡金属的电子能量本征函数 E 通过薛定鄂（Schrödinger）方程 Ψ 求解：

$$H\Psi = E\Psi \qquad (2-17)$$

晶格离子中电子的总哈密顿（Hamiltonian）量：

$$H = H_{eN} + H_{ee} + H_{so} + H_c + H_{ext} \qquad (2-18)$$

其中，H_{eN} 是电子与原子核相互作用的哈密顿量；H_{ee} 是电子与电子相互作用哈密顿量；H_{so}是电子的自旋与轨道相互作用的哈密顿量；H_c为晶场哈密顿量；H_{ext}为外场作用的哈密顿量。晶体场对激活离子能级的影响将取决于H_c对H_{ee}和H_{so}数值之比，它可分成三种情况。

1）弱晶场

$$H_{ee} \gg H_{so} \gg H_c \qquad (2-19)$$

2）中晶场

$$H_{ee} \gg H_c \gg H_{so} \qquad (2-20)$$

3）强晶场

$$H_c \gg H_{ee} \gg H_{so} \qquad (2-21)$$

稀土元素和锕系元素离子属弱晶场情况，其内层被激发的4f或5f电子与晶体中周围离子的直接相互作用被5 - 或6 - s，- p，- d外电子层所屏蔽。因此各个晶体的吸收光谱和荧光光谱的特性一般差异不大，并且其斯塔克能级聚集在自由离子能级位置附近。在中等晶体场情况下，晶体场通常一级近似地作为对自由离子能级的微扰，而不考虑其自旋 - 轨道相互作用产生的精细结构，结果斯塔克分裂超过了内多重态分裂，但仍小于相邻多重态间的能隙。在强晶体场情况下（相应于钯族和铂族离子），斯塔克分裂超出了各多重态间的能隙。

晶体中的过渡金属离子的$3d^n$电子处于外壳层，它们对晶体环境的影响非常敏感，其晶格离子的作用能和电子与电子之间的库仑相互作用能同属一个数量级（大约$10^4\ cm^{-1}$），远大于其自

旋 – 轨道作用能(约 $10^2 cm^{-1}$)。因此过渡金属离子的能级易受晶格离子包括晶格场和晶格振动两方面的影响,其能级结构随基质的不同而有很大的差别。

2.3.4　静电场对 Cr^{3+} 离子能级的影响

2.3.4.1　静电场中 Cr^{3+} 能级

由于 3d 电子之间的库仑相互作用,对于八面体晶场的 Cr^{3+} 的能级的评估比 Ti^{3+} 更为复杂。库仑相互作用的特征在于拉卡参数 B 和 C,库仑相互作用使电子进入 ^{2S+1}L 光谱项,库仑相互作用负责这些状态的能量分离。^4F 态是自由离子 Cr^{3+} 的最低态基谱项,根据洪德的规则,接着高能级谱项是 ^4P 和 ^2G。在八面体晶体场中,^4F 谱项分裂成 $^4A_2 + ^4T_1 + ^4T_2$ 三个能级,^4P 谱项成为 $^4T_1$ 能级,^2G 谱项分裂成 $^2A_1 + ^2E + ^2T_1 + ^2T_2$ 四个能级。拉卡参数 B 和 C 表征库仑相互作用的强度。B 和 C 的值随离子和基质的不同而不同,通常由光谱数据来确定。对于自由离子 Cr^{3+},$B = 920$ cm^{-1},$C = 3680$ cm^{-1},C/B 比率 γ 几乎与原子数和电子数无关。所有过渡金属离子的 γ 值都在 $4.2 \sim 4.9$ 的范围内。因此,不同能级之间的能量分离仅取决于两个参数 B 和 D_q。

1954 年 Y. Tanabe 和 S. Sugano 应用强场方法,计算了八面体中全部 $3d^n$ 体系各个能级的能量,将各状态的能量作为分裂能 $10D_q$ 和电子相互作用参数 B、C 的函数,考虑到配合物中 B 和 C

的值可能与自由离子中的不同，故在能量方程中两端均用 B 除之，即能量以 B 为单位，能量参数则减少为 D_q/B 和 C/B 两个。假定 C/B 在配合物中与在自由离子中相同，以 E/B 对 $10D_q/B$ 作图得到所谓的 Tanabe – Sugano 能级图。这些能级以八面体 O_h 群不可约表示 $^{2S+L}\varGamma$ 形式来标记。假定 $^4A_2$ 能级为零能量能级，其他能级能量依此进行测量。研究光谱时最关心的是自旋多重度相同的状态之间的能量间隔，而这种能量间隔只是 B 的函数，与 C 无关，所以 Tanabe – Sugano 图对同一组态的离子具有普遍意义，图 2.9 为 Cr^{3+} 的 $3d^3$ 组态 Tanabe – Sugano 能级图。

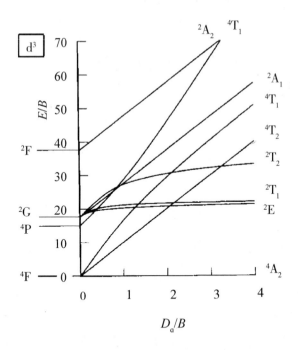

图 2.9　$3d^3$ 组态离子的 Tanabe – Sugano 能级图

2.3.4.2　低对称场和自旋－轨道耦合引起的能级分裂

在晶体场中完美的八面体对称位点难得发现，最常见都是与完美八面体对称性若有偏差的畸变，这微小畸变会产生约化对称点，例如三方(D_3)、四方(D_4)和正交(D_2)。在晶场中由于优势晶场分量为八面体，而畸变分量较小，因此按照八面体对称对光谱的总体特征进行分类。以 Ti^{3+} 掺杂材料中由畸变对称性降低到三方晶体场的常见现象为例，三方畸变分裂基态$^2T_2$成 ^2E 和 $^2A_1$ 两个能级。相反，激发态^2E移动，但不在三方场位置分裂。然而自旋－轨道耦合允许三方畸变分裂激发态^2E和最低态^2E两者分裂成 $2\bar{A}$ 和 $\bar{E}$ 两个能级。上能级^2E由于受 Jahn – Teller 效应影响进一步分裂，如图 2.10 所示。

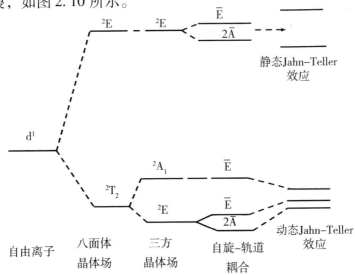

图 2.10　三方晶体场、自旋－轨道耦合和 Jahn – Teller 作用下 3d¹ 组态的能级分裂

对于 Cr^{3+}，三方畸变和自旋－轨道耦合都不能单独将基态 $^4A_2$ 分裂。然而，在三方畸变和自旋－轨道耦合的共同作用下基态 $^4A_2$ 分裂成 $2\bar{A}$ 和 $\bar{E}$ 两个能级。在电子自旋共振（ESR）谱学中，这种分裂被称为零场分裂。与此相类似，在三方晶场和自旋－轨道耦合的作用下第一激发态 ^2E 分裂成 $2\bar{A}$ 和 $\bar{E}$ 两个能级。^2E 能级分裂可以通过激发光谱和荧光光谱来测量。与 $^4A_2$ 和 ^2E 能级不同，无论三方畸变还是自旋－轨道耦合都可以将第二激发态 $^4T_1$ 分裂。例如，在自旋－轨道耦合的作用下将 $^4T_1$ 能级分裂成 Γ_6、Γ_7 和 $2\Gamma_8$ 能级，在三方畸变和自旋－轨道耦合的共同作用下将 $^4T_2$ 能级分裂成六个能级，如图 2.11 所示。

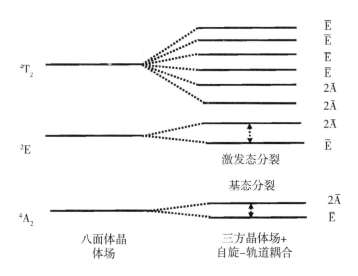

图 2.11　三方晶场和自旋－轨道耦合作用下八面体场中能级分裂

§2.4　无辐射跃迁过程[1]

原子发射或吸收光子而从一个能级改变到另一个能级，则称为辐射跃迁。只有在原子的两个能级满足辐射跃迁选择定则的情况下，才能够在这两个能级间产生辐射跃迁。换句话说，原子发射或吸收光子，只能出现在某些特定的能级之间。

如果原子只是通过与外界碰撞的过程，或其他与外界进行能量交换的过程而从一个能级改变到另一个能级，这一过程既不发射也不吸收光子，则称为无辐射跃迁。Cr^{3+} 在 $^4A_2 \leftrightarrow {}^4T_2$ 能级跃迁的吸收↔发射循环时，吸收光子和发射光子之间存在着能量差，这就是所谓的斯托克斯(Stokes)频移。两者跃迁都终止于具有特定电子状态的较高振动能级，其能量差异是由非辐射衰减过程产生的晶格声子引起的。电子与最紧邻离子简谐振动运动耦合作用可用位型坐标模型(见图 2.12)对这一过程作简单的描述。然而，由于原子核要远比电子的质量大 $10^3 \sim 10^5$ 倍，它们的运动可以分别单独处理。因此，电子能量必须加上与最紧邻离子的振动位移呈抛物线变化的振动能量。图 2.12 简要介绍光学中心的两个电子状态以不同的强度耦合到配体的振动运动过程。图中 a 为基态抛物线，b 为激发态抛物线，两条抛物线以较低和较高状态的不同离子坐标为中心，自由原子的离散电子能量沿抛物线能级曲线移动。实际上，由于振动运动被量化，因此抛物线上的所有能量都不被允许。

图 2.12 所示为固体中光吸收—发射循环的简单过程，当电子吸收了声子能量 E_{ab} 使系统从基态$|a>$激发到激发态$|b>$，垂直跃迁到达 B 点之后，电子晶格系统通过产生声子失去能量，使之弛豫到最低激发态的位置 C。然后，通过 D 点处垂直过渡到电子基态使系统返回进行发射，进一步的声子激发使电子基态返回到振动最小值 A。显然，被吸收的光子的能量(由图 2.12(a)中的垂直箭头 AB 表示)大于发出 CD 的光子的能量。振动量子的产生可以节省能量，但激发态并不总是辐射衰减的，整个光激发可能导致声子的产生。

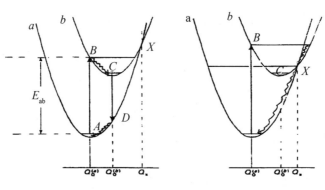

（a）抛物线a和b的交叉点　　　（b）抛物线a和b的交叉点
　　X比B点的能量高　　　　　　　X比B点的能量低

图 2.12　位型坐标图

从图 2.12 所示的位型坐标模型图可以看出，在低温下吸收集中在 AB（$\Psi_a\chi_a(0)\rightarrow\Psi_b\chi_b(m)$）跃迁上，跃迁终止于更高的振动态上。对于小配置坐标偏移点 X（图 2.12（a）），抛物线 a 和 b 的交叉点 X 比 B 点的能量高，$\Psi_b\chi_b(m)$ 态（B 点）的激发中心迅速弛豫到最低激发态 $\Psi_b\chi_b(0)$（C 点），然后辐射发射中心出现在 CD 上，发射出荧光。反之，在交叉点的能量低于峰值吸收点 B 的情况下，一旦升至点 B，受激中心将再次通过 $\Psi_b\chi_b(m)$（C 点）状态向下消振，但仅达到与点 X 一致的 $\Psi_b\chi_b(m')$ 状态。受激中心从 B 点向下达到对应于交叉点 X 的能级，并强烈耦合到基态电子状态 $\Psi_b\chi_b(n')$ 的较高振动状态。系统在与点 X 对应的状态下弛豫到电子基态的较高振动状态，并且将通过多声子发射衰减到基态，这一过程既不发射也不吸收光子，因此没有发光发生。

非辐射衰变与温度密切相关。随着晶体升温，相互作用间距增大，Cr^{3+} 的晶体场稍弱，导致能级分裂的减少，从而导致非辐射衰变增加。

§2.5　浓度淬灭效应

在固态激光材料中存在一种现象，当激活离子的浓度到达一定值的时候，荧光效率随着激活离子浓度的增加反而降低，这种现象被称为浓度淬灭效应。

这个现象可以被理解为，当激活离子掺入激光基质中，在低浓度时这些激活离子可以看作彼此孤立的发光中心。随着激活离子的浓度不断增加，单个离子开始静电相互作用。作为结果，用来激发发光中心的 A 离子能量可能转移到 B 离子中去。我们先忽视显而易见的辐射过程能量转移的事实，认为该转移过程是无辐射发生的，A 和 B 之间发生转移的条件是 A 的一个能级必须退化为 B 的激发能级，如图 2.13 所示。A 和 B 两个发光中心之间的相互作用可能通过两个本质上不同的机制进行：如果两个发光中心相距很远以至于它们的电荷云不会重叠，那么唯一可能的是 A 和 B 粒子之间的库仑相互作用发生能量转移；当两者的电荷云重叠时，通过 A 和 B 的电子之间交换作用也可能发生能量转移。

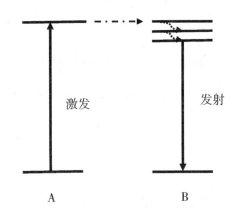

图 2.13　两个发光中心间能量转移过程示意图

　　浓度淬灭的一般理论模型假定：当掺杂浓度高于临界浓度时，掺杂离子之间的距离变得如此之小，以至于这些离子之间发生能量转移，使激发能通过晶体迁移到达发生非辐射跃迁的去激发位置。这些去激发位置(杀手位置)可能是晶体中其他杂质、缺陷和表面部位，等等。最终，掺杂过渡金属离子和稀土离子固体的材料，随着掺杂离子浓度的增加，衰变的时间减小了，量子效率降低了。显然，浓度淬灭效应可能会限制激光运转的可能性。

§2.6 掺 Cr^{3+} 晶体的晶场参数及能级[1,12-16]

2.6.1 Cr^{3+} 的 $3d^3$ 组态能级计算

处于不同晶场中的 Cr^{3+}，其激发态能级排布不同。当它处于强晶场中时，最低激发态是 ^2E 能级，波函数由 t_2^3 组成。当它处于弱晶场中时，最低激发态为 $^4T_2$ 能级，波函数由 t_2^2e 组成。基态 $^4A_2$ 能级的波函数由 t_2^3 组成，^2E 能级和 $^4A_2$ 能级与晶格振动间的电-声耦合强度相似，$^4A_2 \rightarrow {}^2E$ 能级跃迁是一条较锐的谱线。而 $^4T_2$ 能级与晶格振动间的电-声耦合强度较强，$^4A_2 \rightarrow {}^4T_2$ 能级跃迁则是一条宽谱带。而低温下，处于强场中的 Cr^{3+} 被激发到 $^4T_2$ 能级之后，在晶格振动作用下迅速无辐射跃迁到 ^2E 能级，发射谱只有 $^2E \rightarrow {}^4A_2$ 能级跃迁的对应的锐线，称之为 R 线。当温度升高到一定值时，在 $^4T_2$ 能级上会出现热分布展宽，所以发射谱中也会伴随锐线旁边出现一条宽的发射带。

Y. Tanabe 和 S. Sugano 用晶体场近似的方法解释了以过渡金属离子为中心的八面体配位的复杂离子的吸收带和吸收线的产生原

因，立方场中$3d^n$电子构型的能量矩阵元，其中包含有晶场度D_q和拉卡(Racah)参数B和C，并由此得出了计算复杂离子的主要吸收谱带的能级的久期行列式，晶体场中Cr^{3+}各能级对应矩阵元为

$^2T_2(a^2D,\ b^2D,^2F,^2G,^2H)$

$$
\begin{array}{l}
\\
t_2^3 \\
\\
t_2^2(^3T_1)e \\
\\
t_2^2(^1T_2)e \\
\\
t_2e^2(^1A_1) \\
\\
t_2e^2(^1E)
\end{array}
\begin{array}{ccccc}
t_2^3 & t_2^2(^3T_1)e & t_2^2(^1T_2)e & t_2e^2(^1A_1) & t_2e^2(^1E) \\
\left(\begin{array}{c}-12D_q\\+5C-E\end{array}\right) & -3\sqrt{3}B & -5\sqrt{3}B & 4B+2C & 2B \\
 & \left(\begin{array}{c}-2D_q-6B\\+3C-E\end{array}\right) & 3B & -3\sqrt{3}B & -3\sqrt{3}B \\
 & & \left(\begin{array}{c}-2D_q+4B\\+3C-E\end{array}\right) & -\sqrt{3}B & \sqrt{3}B \\
 & & & \left(\begin{array}{c}8D_q+6B\\+5C-E\end{array}\right) & 10B \\
\text{对称元} & & & & \left(\begin{array}{c}8D_q-2B\\+3C-E\end{array}\right)
\end{array}
\right)=0
$$

$^2T_1(^2P,^2F,^2G,^2H)$

$$t_2^3 \qquad t_2^2(^3T_1)e \qquad t_2^2(^1T_2)e \qquad t_2e^2(^3A_2) \qquad t_2e^2(^1E)$$

$$
\begin{array}{c}
t_2^3 \\[2em]
t_2^2(^3T_1)e \\[2em]
t_2^2(^1T_2)e \\[2em]
t_2e^2(^3A_2) \\[2em]
t_2e^2(^1E)
\end{array}
\begin{vmatrix}
(-12D_q-6B & & & & \\
+3C-E) & -3B & 3B & 0 & 2\sqrt{3}B \\
 & (-2D_q+3C & & & \\
 & -E) & -3B & 3B & 3\sqrt{3}B \\
 & & (-2D_q-6B & & \\
 & & +3C-E) & -3B & -\sqrt{3}B \\
 & & & (8D_q-6B & \\
 & & & +3C-E) & 2\sqrt{3}B \\
\text{对称元} & & & & (8D_q-2B \\
 & & & & +3C-E)
\end{vmatrix}=0
$$

$^2E(a^2D,\ b^2D,^2G,^2H)$

$$
\begin{array}{cccc}
t_2^3 & t_2^2(^1A_1)e & t_2^2(^1E)e & e^3
\end{array}
$$

$$
\begin{array}{c}
t_2^3 \\[2em]
t_2^2(^1A_1)e \\[2em]
t_2^2(^1E)e \\[2em]
e^3
\end{array}
\begin{vmatrix}
(-12D_q-6B & & & \\
+3C-E) & -6\sqrt{2}B & -3\sqrt{2}B & 0 \\
 & (-2D_q+8B & & \\
 & +6C-E) & 10B & \sqrt{3}(2B+C) \\
 & & (-2D_q-B & \\
 & & +3C-E) & 2\sqrt{3}B \\
\text{对称元} & & & (18D_q-8B \\
 & & & +4C-E)
\end{vmatrix}=0
$$

$^4T_1(^4P,^4F)$

$$
\begin{array}{cc}
t_2^2(^3T_1)e & t_2e^2(^3A_2)
\end{array}
$$

$$
\begin{array}{c}
t_2^2(^3T_1)e \\[1em]
t_2e^2(^3A_2)
\end{array}
\begin{vmatrix}
(-2D_q-3B-E) & 6B \\
6B & (8D_q-12B-E)
\end{vmatrix}=0
$$

$^4T_2(^4F)$	$t_2^2(^3T_1)e$	$-2D_q - 15B - E = 0$
$^2A_1(^2C)$	$t_2^2(^1E)e$	$-2D_q - 11B + 3C - E = 0$
$^2A_2(^2F)$	$t_2^2(^1E)e$	$-2D_q + 9B + 3C - E = 0$
$^4A_2(^4F)$	t_2^3	$-12D_q - 15B - E = 0$

2.6.2 晶场参数 D_q 和拉卡参数 B 和 C

要确定 Cr^{3+} 在晶体场中的能级可以通过对角化相应矩阵得到，即必须求解每个矩阵对应的久期方程，而求解久期方程则先要确定其中的参数 D_q，B 和 C。Y. Tanabe 和 S. Sugano 给出了八面体对称条件下 Cr^{3+} 的能级和晶场参数 D_q 及拉卡参数 B、C 的关系。

1. D_q 值的确定

D_q 值随 Cr^{3+} 所处的环境不同而变化，它的吸收谱中两个宽的吸收谱宽带对应于 $^4A_2(t_2^3) \rightarrow {}^4T_1(t_2^2e)$ 和 $^4T_2(t_2^2e)$ 的能级跃迁，而锐线对应于 $^4A_2(t_2^3)$ 到二重态 $^2E(t_2^3)$ 的跃迁，由久期行列式 $E[^4T_2(t_2^2e)]$ 和 $E[^4A_2(t_2^3)]$ 的能级相减可以得到：

$$10D_q = E[^4T_2(t_2^2e)] - E[^4A_2(t_2^3)] \qquad (2-22)$$

即 $^4A_2$ 到 $^4T_2$ 能级的间隔为 $10D_q$，即可得出 D_q 值。

2. B 值的确定

第二个吸收带是源于 $^4A_2 \rightarrow {}^4T_1$ 的能级跃迁，它的能量可以通过

对角化 2×2 的 ${}^4T_1$ 矩阵计算得出，与 D_q 和 B，ΔE 是 ${}^4T_2$ 和 ${}^4T_1$ 态间的能量差。那么对角化过程给出 B、D_q 和 ΔE 之间的关系

$$\frac{B}{D_q} = \frac{\left(\frac{\Delta E}{D_q}\right)^2 - 10\left(\frac{\Delta E}{D_q}\right)}{15\left(\frac{\Delta E}{D_q} - 8\right)} \qquad (2-23)$$

由吸收谱中 ${}^4A_2$ 到 ${}^4T_1$ 的跃迁峰值代入上式即可得出 B 的值。

3. C 值的确定

确定 C 值需要二重态实验数据，所有的二重态都与 C 相关，最低二重态 ${}^2E$ 一般根据 R 线的位置确定，这是因为其他二重态的跃迁位置在吸收光谱上一般比较弱，R 线的位置相对容易确定一些，因此常用来确定 C。计算 ${}^2E$ 的能量需要对角化一个 4×4 的 ${}^2E$ 矩阵，选取其中最低的简并度，${}^2E$ 的能量取决于 D_q，B 和 C。对于 $1.5 < D_q/B < 3.5$ 和 $3 < C/B < 5$ 范围内，可以近似得到下式：

$$E({}^2E) \cong 3.05C + 7.90B - 18.0B^2/D_q \qquad (2-24)$$

4. Δ 值的计算

把 ${}^4T_2$ 和 ${}^2E$ 的能量差表示为 Δ，Δ 值是表征晶体场强度的一个很重要的物理参数，它的意义为 ${}^2E \rightarrow {}^4A_2$ 跃迁的零声子线与 ${}^4T_2 \rightarrow {}^4A_2$ 跃迁的零声子线之间的差值。$\Delta < 0$ 说明 ${}^4T_2$ 能级为最低激发态，它到 ${}^4A_2$ 的跃迁为宽带发射。$\Delta \approx 0$ 说明它的最低激发态为 ${}^2E$ 和 ${}^4T_2$ 到 ${}^4A_2$ 的跃迁的自旋禁阻跃迁的锐谱线和宽带发射。$\Delta > 0$ 则表明 ${}^2E$ 为最低激发态，它到 ${}^4A_2$ 的跃迁为自旋禁阻跃迁，为锐谱线发射。

一般地，确定或计算晶体能级需要低温光谱数据，但根据强声子耦合有吸收和发射光谱线型成镜像对称的原理，仅用 $^4T_2$ 能级在室温下对 $^4A_2$ 能级的吸收和发射光谱的峰值位置 $E_a(^4T_2)$ 和 $E_e(^4T_2)$，也可以找出 $^4T_2$ 能级的平衡位置 $E_0(^4T_2)$，即：

$$E_a(^4T_2) - E_0(^4T_2) = E_0(^4T_2) - E_e(^4T_2) = \frac{1}{2}E_{stokes}$$

$$(2-25)$$

E_{stokes} 是由于声子耦合引起的辐射能量的斯托克斯位移，可以估算 $E_0(^4T_2)$ 能级位置，确定它与 ^2E 能级间隔 Δ。

2.6.3 黄昆 - 里斯（Huang - Rhys）因子的计算

黄昆 - 里斯(Huang - Rhys)因子 S 是一个衡量电子 - 声子耦合作用强度的物理量。黄昆 - 里斯因子 S 的值越大，电子声子相互作用就越强，声子边带就越宽。黄昆 - 里斯因子 S 与声子能量乘积的两倍就是斯托克斯位移：

$$E_S = 2S\hbar\bar{\omega} \qquad (2-26)$$

由于稀土离子受外层电子的屏蔽，受晶格场的影响较小，电子 - 声子耦合作用就相对较小，S 值也就较小一些。其范围在 $10^{-1} \sim 10^{-2}$ 数量级。过渡金属离子由于受到较强的晶体场作用，电子声子作用较强，具有较大的斯托克斯位移，S 值也较大，在 10^1 数量级左右。

黄昆－里斯因子 S 要通过复杂的计算和测量才能得出，但是在单模模型等 系列简化近似下，可以通过比较简单的光谱测量把黄昆－里斯因子 S 给估算出来。氧化物中 $Cr^{3+4}A_2$ 与 $^4T_2$ 之间跃迁的有效单模声子能量的估算公式为

$$\hbar\overline{\omega} \approx 2.25E_a [0.3456/(E_a - E_e)]^{1/2} \qquad (2-27)$$

从吸收谱和荧光光谱的 $E_a(^4T_2)$ 态能量和 $E_e(^4T_2)$ 态能量。从而计算出声子能量值：

$$\hbar\overline{\omega} = 288.734 cm^{-1} \qquad (2-28)$$

再利用斯托克斯位移值就可算得黄昆－里斯因子 S 值。

2.6.4　自旋－轨道耦合参数的计算

Cr^{3+} 自旋－轨道相互作用对电子能谱劈裂、g 因子和电子共振光谱线型都有重要影响。赵敏光等[6,7]人给出一种从实验数据计算自旋－轨道耦合参数的方法。

根据 Russel－Saunders 耦合规则，自旋－轨道相互作用能为

$$H_{so} = \lambda L \cdot S \qquad (2-29)$$

其中，λ 为自旋耦合系数；L 为轨道角动量；S 为自旋角动量。

$$\lambda = \frac{\pm \zeta}{2S} \qquad (2-30)$$

其中，ζ 为单电子－轨道耦合参数；＋对应于低于半满壳层；－对应高于半满壳层；S 为总的自旋角动量。Cr^{3+} 取＋。

再考虑晶体化学键的共价性，$\zeta \approx N^2 \zeta_0$，$N$ 为共价约简因子，可由下式得出：

$$N^2 \approx \frac{\sqrt{B/B_0} + \sqrt{C/C_0}}{2} \tag{2-31}$$

得：

$$\zeta \approx \zeta_0 \frac{\sqrt{B/B_0} + \sqrt{C/C_0}}{2} \tag{2-32}$$

对于 Cr^{3+}，参数 $\zeta_0 = 273\ cm^{-1}$，$B_0 = 1\,030\,cm^{-1}$，$C_0 = 3\,850\ cm^{-1}$，B，C 都可以从实验得出，进而可以求出 ζ。

2.6.5　发射跃迁截面的计算

受激发射跃迁截面是衡量激光介质能否实现激光振荡及其难易程度的重要参数之一，发射跃迁截面越大就越容易实现激光运转。它与发射波长和原子参数之间存在着以下关系：

$$\sigma_e(\nu) = \frac{\lambda_0^2}{8\pi n^2 \tau_f} q(\nu) \tag{2-33}$$

其中，$q(\nu)$ 是线性因子。不同的谱线展宽机制有不同的表达式，当谱线为均匀展宽机制时：

$$q(\nu) = \frac{\Delta\nu}{2\pi} \left[(\nu - \nu_0)^2 + \left(\frac{\Delta\nu}{2}\right)^2 \right]^{-1} \tag{2-34}$$

在峰值即 $\nu = \nu_0$ 处式（2-34）变为

$$q(\nu_0) = \frac{2}{\pi\Delta\nu} \tag{2-35}$$

当谱线为非均匀展宽机制时：

$$q(\nu) = \frac{2}{\pi\Delta\nu}\left(\frac{\ln2}{\pi}\right)^{1/2}\exp\left[-\left(\frac{\nu-\nu_0}{\Delta\nu/2}\right)^2\right]^{-1} \qquad (2-36)$$

当 $\nu = \nu_0$ 时：

$$q(\nu) = \frac{2}{\Delta\nu}\left(\frac{\ln2}{\pi}\right)^{1/2} \qquad (2-37)$$

对高斯线型则有：

$$\sigma_e(\nu) = \frac{\lambda_0^2}{4\pi\, n^2\Delta\nu\,\tau_f}\left(\frac{\ln2}{\pi}\right)^{1/2} \qquad (2-38)$$

而对洛伦兹线型的受激发射跃迁截面则为

$$\sigma_e(\nu) = \frac{\lambda_0^2}{4\,\pi^2\,n^2\Delta\nu\,\tau_f} \qquad (2-39)$$

式中：λ_0 表示发射带的峰值波长；n 表示晶体的折射率；τ 表示荧光寿命；$\Delta\nu$ 表示以频率表达的发射带的半峰宽（FWHM）。大多数的激光晶体材料属于均匀展宽的增益介质，因此可用洛伦兹线型的公式（2-38）计算发射跃迁截面。

参考文献

[1] Henserson B, Imbusch G F. Optical Spectroscopy of Inorganic Crystal[M]. Oxford：Oxford University press，1989.

[2] Henderson B, Bartram R H. Crystal - field Engineering of Solid State Laser Materials[M]. Cambridge ：Cambridge University

Press，2000.

［3］Sugano S，Tanabe Y，Kamimura H. Multiplets of Transition-metal Ions in Crystals［M］. New York：Academic Press，1970.

［4］Powell R C. Physics of Solid – state Laser Materials［M］. New York：AIP Press，1998.

［5］潘道皑，赵成大，郑载兴. 物质结构［M］. 北京：高等教育出版社，1989.

［6］赵敏光. 晶体场和电子顺磁共振理论［M］. 北京：科学出版社，1999.

［7］赵敏光，余万伦. 晶体场理论［M］. 成都：四川教育出版社，1988.

［8］罗遵度，黄艺东. 固体激光材料光谱物理［M］. 福州：福建科学出版，2003.

［9］方容川. 固体光谱学［M］. 合肥：中国科学技术大学出版社，2001.

［10］林美荣，张包铮. 原子光谱学导论［M］. 北京：科学出版社，1990.

［11］潘兆橹. 结晶学及矿物学［M］. 北京：地质出版社，1998.

［12］Sugano S，Tanabe Y，Kamimura H. Multiplets of Transition-Metal Ions in Crystal［M］. New York：Academic Press，1970.

［13］Tanabe Y，Sugano S. On the absorption spectra of complex

ions[J]. J. Phys. Soc. Jan. [J], 1954, 9: 753 – 766.

[14] Zhao M, Xu J, Bai G, Xie H. D – orbital theory and high-pressure effects upon the electron – paramagnetic – res spectrum of Ruby[J]. Phys. Rev. B, 1983, 27: 1516 – 1522.

[15] Stuve B, Huber G. The effect of the crystal – field strength on the optical spectra of Cr^{3+} in gallium garnet laser crystals [J]. Appl. Phys. B, 1985, 36: 195 – 201.

[16] 张国威. 可调谐激光技术[M]. 北京: 国防工业出版社, 2002.

第3章　实验技术方法和原理

研究和探索新型可调谐激光晶体材料是一门综合性强的前沿交叉科学，它涉及晶体生长理论和技术、晶体光学、固体光谱、晶体结构和激光实验等多方面理论与实验技术。本章将着重介绍晶体生长和激光光谱性能的原理和技术方法。

§3.1　晶体生长理论与技术[1-12]

晶体生长是控制物质在一定的热力学条件下的动态相变过程，涉及体系中的热量、质量输运过程及生长界面形态与稳定性等多方面的问题。目前对晶体生长理论的研究主要在热力学和动力学两大方面，但还没有一个完备的理论模型来描述。在热力学中它涉及相平衡、相变及相图等问题；在晶体生长动力学中主要涉及在不同生长条件下的晶体生长机制、晶体生长速率与生长驱动力间的规律。本节简要介绍晶体生长基本理论和技术方法。

3.1.1　晶体生长理论基础

3.1.1.1　结晶过程驱动力

晶体是由结构基元(原子、离子或分子)具有三维长程有序排列而成的一切固体物质,它与其熔体的区别在于具有结构具有对称性。晶体中的有序排列构成了晶体点阵,点阵的对称性决定了结构基元的平均位置,基元之间的结合力使晶体成为刚性固体。要将结晶固体转变为熔体,需要提供能量来破坏这种结合力,使基元脱离点阵中的位置而随机分布。通常,采用加热方法使固体在其熔点温度完成这一转变,所提供的能量就是熔化潜热 L。当熔体凝固时,这部分的潜热又被放出来,以降低系统的自由能,只有自由能减少时,晶体才能生长。因此,被释放的自由能,即固、液两相之间的自由能的差值 ΔG,ΔG 是结晶过程的驱动力。

从热力学上考虑,吉布斯自由能可由下式表示:

$$G = H - TS \tag{3-1}$$

式中:H 为焓;S 为熵;T 为绝对温度。

在固 - 液平衡温度 T_e,两相之间自由能的差值为零,即

$$\Delta G = (H_S - T_E S_S) - (H_L - T_E S_L) = 0 \tag{3-2}$$

那么

$$T_e(S_L - S_S) = (H_L - H_S) \tag{3-3}$$

即

$$\Delta S = \Delta H / T_e \qquad (3-4)$$

ΔS 是熔化时熵的变化（即熔化熵），ΔH 是溶化时焓的变化（熔化潜热）。

当温度不平衡时，两相之间自由能的差值：

$$\Delta G = \Delta H - T\Delta S \qquad (3-5)$$

将 $(3-4)$ 代入 $(3-5)$，得到：

$$\Delta G = \frac{\Delta H(T_e - T)}{T_e} \qquad (3-6)$$

当熔体凝固时，定压比热 C_p 发生变化，从而影响焓的变化，自由能变化的可表示为

$$\Delta G = \left(\Delta H - \frac{1}{2}\Delta C_p \Delta T \right) \frac{\Delta T}{T_e} \qquad (3-7)$$

式中：ΔC_p 为固、液两相比热的差值；$\Delta T = T_e - T$ 为过冷度。

对于结晶过程，$(3-7)$ 式，可以写成：

$$\Delta G = -\left(\frac{L}{T_e} \right) \Delta T \qquad (3-8)$$

式中：L 为熔化潜热；ΔT 为过冷度。

在一个固（晶体）－液（熔体）两相系统中，究竟是熔化还是凝固？它取决于自由能。在热力学中系统为了保持系统的稳定性，总是朝着自由能减少的方向发展，那么 ΔG 应该是负值。

熔化过程：系统需要吸收能量，ΔH 为正值，根据 $(3-7)$ 式，T_e 总是为正的，只有当 $\Delta T = T_e - T < 0$，即 $T > T_e$ 才能使 $\Delta G <$

0，发生熔化。

凝固过程：系统需要释放出能量，ΔH 为负值，根据（3 - 7）式，T_e 总是为正的，只有当 $\Delta T = T_e - T > 0$，即 $T < T_e$ 才能使 $\Delta G < 0$，产生凝固。这是从熔体中生长出晶体的必要条件。

以上讨论是在假设已形成了固 - 液界面的基础上的，没有考虑形成固 - 液界面对系统自由能的影响。如果系统中原来不存在着固 - 液界面，或固 - 液界面在不断扩大，新界面的形成需要新的能量。此时，结晶过程所释放的潜热，部分转化为界面所需的表面能，结果结晶驱动力减少了。如果形成新界面所需的能量接近于 $\left(\dfrac{L}{T_e}\right)\Delta T$，这时结晶驱动力 $\Delta G \approx 0$。在这种情况下即使熔体的温度低于凝固点，固相还不能够形成，只能加大 ΔT，增加结晶驱动力。所以对于自发成核过程，起始阶段必须提供很大的过冷度。这也是在提拉法生长不同阶段过程中，要适当调整生长炉功率的原因。

另外，在结晶过程中，所释放出的潜热必须从固 - 液界面迅速移走。如果这部分的热量不能被迅速移走的话，截面附近的温度回升高，于是 ΔT 减少，降低了结晶驱动力。当 $T = T_e$ 时，$\Delta G = 0$，晶体停止生长。因此在晶体生长时，需要建立适当的温场，使这部分的潜热被迅速移出。

3.1.1.2 晶体生长理论模型

晶体生长的一般过程是先生成晶核，而后再长大。一般认为晶体从液相或气相中生长有三个阶段：①介质达到过饱和阶段；②成核阶段；③生长阶段。晶体生长成核两个理论主要有：①层生长理论；②螺旋生长理论。

当晶体生长不受外界任何因素影响时，晶体将长成理想晶体，它的内部结构严格服从空间格子规律，外形应为规则的几何多面体。实际上晶体在生长过程中，真正理想的晶体生长条件是不存在的，总会不同程度地受到外界复杂条件的影响，不能严格地按照理想发育。此外，在晶体形成之后，也还会受到溶蚀和破坏。最终在自然界中存在的是实际晶体，实际晶体内部构造并非严格按照空间格子规律所形成的均匀的整体。一个真实的单晶体，实质上是由许多个别的理想的均匀块段组成的，这些块段并非严格的互相平行，从而形成"镶嵌构造"。在实际晶体结构中还会存在空位、错位等各种构造缺陷；有时还会有部分质点的代换以及各种包裹体等。

层生长理论：在晶核的光滑表面上生长出一层原子面时，质点在界面上进入晶格"座位"的最佳位置是具有三面凹入角的位置。质点在此位置上与晶核结合成键放出的能量最大。因为每一个来自环境相的新质点在环境相与新相界面的晶格上就位时，最可能结合的位置是能量上最有利的位置，即结合成键时应该是成键数目最多、放出能量最大的位置，如图3.1所示：K 为曲折面，有三角面凹入角，是最有力的生长部位；其次是 S 台阶面，具有二面凹入角的位置；A 是最不利于生长的部位。所以晶体在理想情况下生长时，先长一条行列，然后长相邻的行列。在长满一层面网后，再开始长第二层面网。晶面是平行向外推移而生长的。

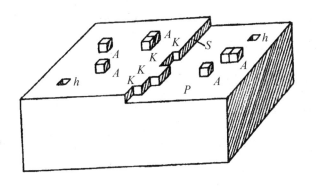

图3.1 晶体生长过程表面状态图解

P——平坦面；*S*——台阶面；*K*——曲折面；*A*——吸

附分子；*h*——空洞

晶体的层生长理论可以解释如下的一些生长现象：①晶体常生长成为面平、棱直的多面体形态；②在晶体生长的过程中，环境可能有所变化，不同时刻生成的晶体在物性(如颜色)和成分等方面可能有细微的变化，因而在晶体的断面上常常可以看到带状构造，它表明晶面是平行向外推移生长的；③由于晶面是向外平行推移生长的，所以相同晶体上对应晶面间的夹角不变；④晶体由小长大，许多晶面向外平行移动的轨迹形成以晶体中心为顶点的锥状体，被称为生长锥或砂钟状构造，在薄片中常常能看到。

螺旋生长理论：在晶体生长界面上螺旋位错露头点所出现的凹角及其延伸所形成的二面凹角可作为晶体生长的台阶源，促进光滑界面上的生长。这样解释了层生长理论所不能解释的现象，即晶体在很低的过饱和度下能够生长的实际现象。位错的出现，在晶体的界面上提供了一个永不消失的台阶源。晶体将围绕螺旋位错露头点旋转生长。螺旋式的台阶并不随着原子面网一层层的生长而消失，从而使螺旋式生长持续下去。螺旋状生长与层状生长不同的是台阶并不是直线式地等速前进扫过晶面，而是围绕着螺旋位错的轴线螺旋状前进。随着晶体不断长大，最终表现在晶面上形成能提供生长条件信息的各种各样的螺旋纹，如图3.2所示。

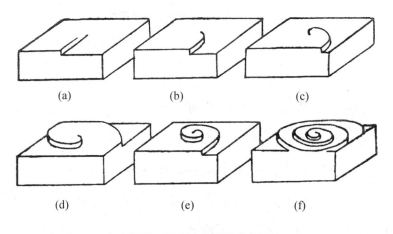

图 3.2　螺旋生长模式示意图

3.1.2　晶体生长方法的分类

人工晶体生长迄今已有 100 多年的历史。但凡天然产的矿物晶体，几乎都能够采用人工的方法合成生长，并且还能用人工方法生长出自然界不存在的新晶体。按照生长单晶时原料的状态，晶体生长技术可以分为气相、液相和固相三种生长方法。其中，液相生长法又可区分为溶液生长法和熔体生长法，这两种方法有着很大的特殊性。本节着重介绍常用的一种熔体生长法——提拉法晶体生长（Czochralski method）和高温溶液生长法——助溶剂法晶体生长（flux method）。

3.1.3　提拉法晶体生长（Czochralski method）

提拉法又称丘克拉斯基（Czochralski）方法，是丘克拉斯基（J. Czochralski）在1917年发明的从熔体中生长高质量单晶的方法。提拉法晶体生长是制备大尺寸单晶和特定形状单晶最常用和最重要的一种方法。通常当结晶固体的温度高于熔点时，固体熔化为熔体；当熔体的温度低于凝固点时，熔体就会凝固成结晶固体。在晶体生长过程中只涉及固相→液相的转变过程。

采用提拉法生长晶体时，首先要在熔体中引入籽晶，控制单晶成核，然后在籽晶与熔体相界面上进行相变，使其逐渐长大。为了促进晶体不断长大，在相界面处的熔体必须过冷，而熔体的其余部分则必须处于过热状态，使其不能自发结晶。

与其他生长晶体的方法相比较，提拉法的最大优点在于生长速度快、晶体的纯度和完整性高。在晶体生长的过程中，生长体系的温度分布与热量运输起着支配作用。另外，杂质分凝效应、相界面的稳定性和流体动力学效应等问题对晶体生长的质量均有重要的影响。

要长出高质量、大尺寸的晶体，必须有合理的温场设计和科学的提拉工艺。温场就是晶体生长炉内的温度分布场，它对晶体成核、生长速度和结构完整性都有重要影响。控制单晶生长的温场可以简单地用三个物理量来描述：晶体中的纵向温度梯度 $\left(\dfrac{dT}{dy}\right)_S$ ；熔体中的纵向温度梯度 $\left(\dfrac{dT}{dy}\right)_L$ ；熔体表面（固 – 液界面）的径向温度梯度 $\left(\dfrac{dT}{dx}\right)_{L,S}$ 。从有利于成核的角度考虑，$\left(\dfrac{dT}{dy}\right)_S$ 越大越好；从有利于晶体生长界面平坦从而减少缺陷的角度考虑，$\left(\dfrac{dT}{dy}\right)_L$ 也越大越好。但是，晶体生长速率表示为

$$f = \frac{K_S \left(\dfrac{dT}{dy}\right)_S - K_L \left(\dfrac{dT}{dy}\right)_L}{H \times d} \qquad (3-9)$$

式中：H 表示晶体潜热；d 表示晶体密度；K_S 表示晶体导热系数；K_L 表示熔体导热系数。考虑到要保证足够大的生长速率，$\left(\dfrac{dT}{dy}\right)_S$ 越大越有利，而 $\left(\dfrac{dT}{dy}\right)_L$ 不能太大。

综合考虑，只能适当提高 $\left(\dfrac{dT}{dy}\right)_L$ ，而 $\left(\dfrac{dT}{dy}\right)_S$ 也不能过大，因为该梯度过大会使处于生长界面上的晶体经受较大的热应力，从而导致缺陷增加。$\left(\dfrac{dt}{dx}\right)_{L,S}$ 应保持较小的值从而使固液界面平坦，

但不能太小，以防止盛装熔体的坩埚边缘出现结晶。

在提拉法生长中，晶体是以一定速率转动的，晶体转动的直接作用是搅拌熔体，产生强制对流，它可能产生以下几个方面的影响：①增加了温场的径向对称性，低转速下能做到这一点；②改变了界面的形状，随着转速的增大，界面的形状发生从凸→平→凹的变化，因为晶体转动时削弱了自然对流，在界面下出现了向上运动的液流，使等温面受到向上推动，于是界面出现相应的变化，使凹变得更凹；③改变界面附近的温度梯度，如果自然对流占优势时，温度梯度较大，改变转动速率让强制对流占支配地位时，则温度梯度小；④改变液流的稳定性，增大晶体转速改变了液流的花样，改变了液流的热稳定性；⑤可改变有效分凝系数，转速增大，当 $k_{eff} < 1$ 时，k_{eff} 随之变小，当 $k_{eff} > 1$ 时，k_{eff} 随之变大；⑥影响界面的稳定性。

晶体提拉法生长装置通常由温度和机械控制系统与炉膛构成，炉膛装置如图3.3所示，由四部分组成。

（1）坩埚：用作坩埚的材料要求其化学性质稳定、纯度高，高温下机械强度高，熔点要高于原料的熔点200℃左右。常用的坩埚材料为铂、铱、钼、石墨、二氧化硅或其他高熔点氧化物，其中，铂、铱和钼主要被用于生长氧化物类晶体。

（2）加热系统：加热系统由加热、保温和后热器三个部分构成。最常用的加热装置分为电阻加热和高频线圈加热两大类。保温装置通常采用金属材料以及耐高温材料等做成热屏蔽罩和保温隔热层。后热器可用高熔点氧化物如氧化铝、陶瓷或多层金属反射器如钼片、铂片等制成，通常放在坩埚的上部。生长的晶体逐渐进入后热器，生长完毕后就在后热器中冷却至室温。后热器的主要作用是调节晶体和熔体之间的温度梯度，控制晶体的直径，避免出现组分过冷现象引起晶体破裂。

（3）控制系统：控制系统有温度控制系统和气氛控制系统。控温装置主要由传感器、控制器等精密仪器进行操作和控制，主要是控制生长过程中的温度。气氛控制系统由真空装置和充气装置组成，主要是控制炉膛内的气氛。

（4）传动系统：安装传动系统是为了获得稳定的旋转和升降，传动系统由籽晶杆、水平转动和垂直升降系统组成。

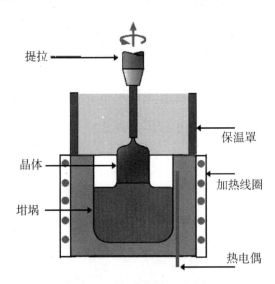

图3.3　提拉法晶体生长炉膛装置示意图

提拉法被广泛应用于晶体生长，主要是因其具有以下优点。

（1）在生长过程中可以方便地观察晶体的生长状况。

（2）晶体在熔体表面生长，不与坩埚相接触，这样能显著地减小晶体的应力，并防止坩埚壁的寄生成核。

（3）可以方便地使用定向籽晶和缩颈工艺，缩颈后的籽晶，其位错可大大减少，这样可使放肩后生长出的晶体的位错密度降低。

（4）可以通过调节坩埚、保温罩和后加热器的相对位置，来控制温场的温度梯度。

（5）通过调节转速，改变液流状态，以调整固液生长界面的形状来控制晶体生长的状态。

（6）可以方便地控制晶体直径。

总之，提拉法生长的晶体完整性很高，生长率和晶体尺寸也令人满意。

提拉法生长晶体过程中的操作要点如下。

（1）所生长的晶体必须是没有破坏性相变，又具有较低的蒸汽压或离解压的同成分熔化的化合物。结晶物质不得与周围环境气氛起反应。原料按化学计量比称量后，要经过固相合成。

（2）原料在坩埚中，分 2~3 次熔化，籽晶预热后引入熔体，微熔，再缓慢地提拉。

（3）控制一定的降温速度和提拉速度，使籽晶直径变大。当晶体达到所需直径时，调整温度、拉速和转速，建立起满足提拉速度与生长体系的温度梯度及合理的组合条件。

（4）当晶体生长达到所需要的长度后，升高温度或提高拉速，使晶体直径减小，直到晶体与熔体脱离为止，或者将晶体提出，脱离熔体界面。

（5）以合适的降温速率将晶体退火。近些年来，由于激光技术的发展，对晶体的质量要求越来越高，从而促进了对提拉法技术的改进，例如，晶体等径生长的自动控制技术、液封技术和导模技术等得到应用。这些技术的应用对改善晶体质量和提高晶体的有效利用率都很有帮助。图 3.4 为计算机自动控制的提拉法晶体生长炉。

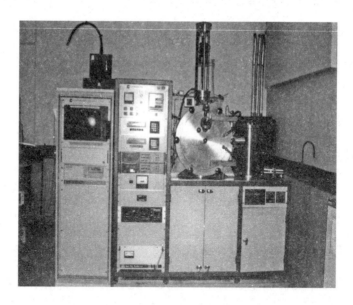

图3.4　计算机自动控制的提拉法晶体生长炉

3.1.4　助熔剂生长(flux mcthod)

助熔剂法(通常叫熔盐法)指的是从高温溶液中生长晶体,至今已有100多年的历史了,也可算是一种古老的经典方法。然而,在过去的100多年里,这种方法却没有什么重大的发展。直到20世纪50年代初期,由于生产和科学技术发展的需要,这个方法才又重新发展起来。1954年J. P. Remeika[10]从PbO中生长出$BaTiO_3$单晶。1958年,J. W. Nielsen[11]又从PbO中生长出钇铁石榴石(YIG)单晶。20世纪60年代以后,助熔剂法已被广泛用于新材料的探索,并有很多突破性的发展,出现许多新技术,如顶部籽晶技术,生长出了大块优质的KTP、BBO等一系列重要的晶体,克服了过去被人们认为助熔剂法不能生长大晶体的所谓缺点,从而使这种方法重新令人注目而备受青睐。

3.1.4.1　助熔剂法的基本原理

众所周知,当物质在溶液中的浓度值低于平衡浓度时物质会继续溶解,当物质的浓度高于平衡浓度时,则溶液即处于不稳或亚稳状态,超出部分很容易沉析出来。平衡浓度、溶解度和饱和浓度都是同一概念的不同叫法,通常的溶解度曲线就是平衡浓度与温度的关系曲线。若从通常的溶解度曲线(见图3.5)来看,溶解度曲线以上的区域是过饱和的,它表示这些区域的溶质浓度高于平衡浓度,溶解度曲线以下的区域是不饱和的。

　　人们通常把实际浓度高出平衡浓度的值 $\Delta s = c - c_{平衡}$ 定义为过饱和度，式中 c 为实际浓度，$c_{平衡}$ 是平衡浓度（即溶解度 s）。过饱和的溶液是不稳定的，如果过饱和度足够大，它将沉淀出溶质，或者在溶液中或器壁上自发成核。如在溶液中引入溶质晶体（籽晶），则过剩的溶质就会往晶体上沉积，即使过饱和度很低也是如此，一直到其浓度降低成饱和浓度为止。因此可以说，溶液过饱和是晶体生长的必要条件，过饱和度是晶体生长的驱动力。不过，倘若没有籽晶，纯净而不受扰动的过饱和溶液常常可以保持很长时间而不会析出溶质，尽管他们在热力学上是不稳定的。

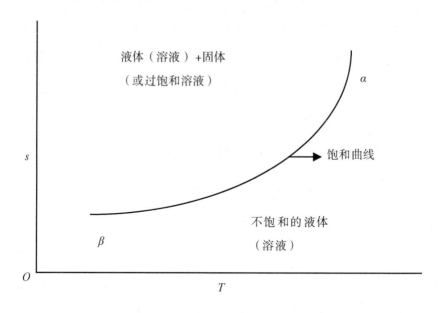

图3.5　溶解度 S – 温度 T 的关系曲线

　　晶体生长最基本的条件就是使溶液产生适当的过饱和度。晶体从含有助溶剂的溶液中生长时，所需的过饱和度常常可通过缓慢冷却溶液、溶剂挥发或在溶液中造成温度梯度来获得。利用图 3.6 所示的准二元组分共晶相图，来进一步说明助熔剂法生长晶体的原理。在静止和无籽晶的条件下，将组成为 N_A 在温度 T_A 上平衡的溶液冷却到 T_B 时，即有自发成核出现。在液相线和与 B 相交的虚线之间的区域，可以说溶液是过冷的或过饱和的。只有当温度下降到 T_B 形成临界晶核之后，晶体材料才可能沉积。这说明溶液在液相线与 B 之间的区域是亚稳的。人们通常把这一区域称为亚稳区。获得过饱和度的方法可用图 3.6 所示的相图来进行说明，有以下三种。

(1)缓冷法：如曲线 1 所示，成分为 N_A 的溶液温度降至 T_B 时，临界晶核形成。如再从 T_B 继续降温，则晶核就会在低很多的过饱和度下逐渐发育生长，生长可以一直进行到降温结束，同时溶液成分变至 N_F，但最多只能降至共晶点。

(2)蒸发法：曲线 2 代表蒸发生长过程，当让溶剂在恒定温度 T_A 下蒸发，则溶液浓度即可从 N_A 平穿亚稳区逐渐变化至 N_D，并在该处成核生长。

(3)温度梯度输运法：曲线 3 代表的是温度梯度输运过程，当溶剂在高温处溶解溶质至饱和，并通过对流到达低温区，这时溶液就由饱和变成过饱和。过剩的溶质就会成核生长，浓度降低之后的溶液又进对流，回流至高温区再度溶解到达饱和，这样周而复始就构成了溶质的温度梯度输运过程。

在实际操作中，三种作用可能同时出现，只是主次不同而已。

在这个相图中，溶剂可以是种单质、一种化合物或是一些化合物的组合。一般来说，溶质可以是熔点比溶剂高的单质或化合物。

高温溶液生长晶体所需要解决的主要问题如下：①如何使溶液产生过饱和度，这是解决晶体生长驱动力的问题；②如何控制成核数目和位置，即解决生长中心的问题，最好能实现单一核心的生长；③如何提高溶质的扩散速度，从而提高生长速度；④如何提高溶解度，提高晶体产量和尺寸；⑤如何减少或避免枝蔓生长和包裹体等缺陷；⑥如何控制生长晶体的成分和掺质的均匀性。为解决这些问题，发展出顶部籽晶助熔剂法的晶体生长技术。

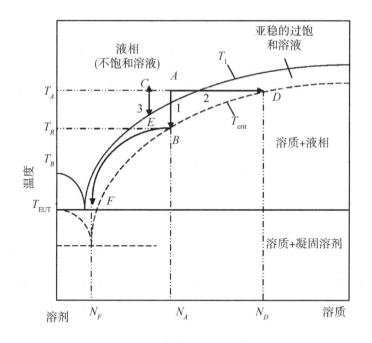

图 3.6　准二元组分共晶相同

溶液中产生过饱和度的方法：(1)ABF——缓冷法；(2)AD——蒸发法；(3)CE——温度梯度输运法。

3.1.4.2　顶部籽晶助熔剂法(TSSG method)晶体生长

顶部籽晶助熔剂法生长技术是助熔剂法生长方法的最重大的发展之一，是籽晶技术与助熔剂生长的巧妙结合，使高温溶液生长方法获得了新生。顶部籽晶助熔剂法生长晶体的过程：先将原料配制好装入坩埚中，置生长炉后升温，在比所估计的饱和温度高 $10 \sim 30$ ℃的温度上保温一段时间，让溶液完全溶解，反应完全，并使溶液充分均匀。用籽晶试探法测出生长点，缓慢降温，至一定温度上平衡一段时间后，将籽晶浸入，再保温一段时间取出，观察籽晶重量和籽晶表面的变化。当籽晶重量和籽晶表面无变化时，该温度即是饱和温度。测好饱和温度后，将籽晶固定在籽晶杆的下端，缓慢下降到液面上方，使其预热一段时间，待籽晶温度与溶液大体相等时，即可将籽晶降到坩埚中与液面接触。若无晶体作籽晶时，还可采用其他异质同构体的晶体(即晶体结构相同、晶胞常数相似、熔点相近)作试探籽晶。最后在晶体转动情况下，将溶液缓慢冷却，以获得晶体生长所必须的饱和度。降温速率一般控制在 $1 \sim 3$ ℃/天，在其他结晶相出现的温度之前，或在溶液固化前即应结束晶体生长，然后将晶体提离液面，以合适的降温速率使其降温至室温，取出晶体。

顶部籽晶助熔剂法晶体生长的实验装置如图 3.7 和 3.8 所示。晶体生长的生长过程是在竖直管式高温炉中进行的，发热元件为镍铬丝，将其缠绕炉膛，加热温度最高可以达到 1 080 ℃。采用温度控制仪控制晶体生长炉的温度及升降温速率。籽晶固定在籽晶杆上，籽晶杆与机械装置相连，可以控制籽晶杆的升降，从而使籽晶接触或脱离液面。同时，机械装置带动籽晶杆转动，从而在晶体生长过程中，可以通过调控籽晶杆的转动速度，改善溶质和热量的传输，为晶体生长提供有利的条件。

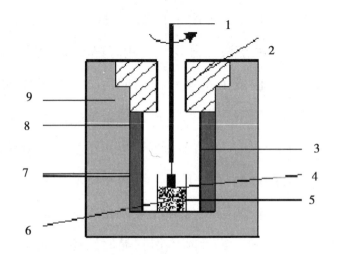

图 3.7 顶部籽晶助熔剂法晶体生长装置图

1——籽晶杆；2——炉盖；3——镍－铬电阻丝；4——籽晶；5——坩埚；6——熔体；7——热电偶；8——刚玉管炉膛；9——Al_2O_3泡沫砖

在晶体生长系统中，建立合理的温场分布是助熔剂法生长高质量单晶的关键。如图 3.9 所示为炉膛的温场分布图，炉膛内部的温场分为三个部分，其中，*AB* 和 *CD* 段为温度梯度区，*BC* 段为恒温区，可以通过调节坩埚底座的高度使晶体在合适的温区中

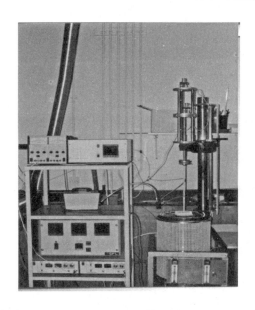

图3.8 可升降转动的顶部籽晶助熔剂法晶体生长装置

生长。这样设计温场的目的在于使溶液表面的温度略低于溶液内的温度，从而避免在坩埚底部或坩埚壁自发成核，这样有利于实现在籽晶上的单核生长。

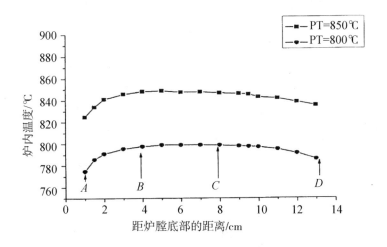

图3.9 炉膛的温场分布图

3.1.4.3 助熔剂法的优缺点

1. 优点

首先，这种方法适用性很强，对任何一种材料，只要能找到一种适当的助熔剂或者助熔剂组合，就能用此法将这种材料的单晶生长出来。而几乎所有的材料，都能找到一些相应的助熔剂或者助熔剂组合，这对于研究开发工作特别有利。

其次，对于许多难熔化的化合物、在熔点时极易挥发、在高温时变价或有相变的材料，以及非同成分熔融化合物，都不可能直接从其熔体中生长出完整的优质单晶，而助熔剂法由于生长温度低，对这些材料的单晶生长却显示出独特的能力。这些材料包括如下几个方面。

(1)非同成分熔融化合物，也就是熔化前会分解的材料。

(2)那些在生长后的降温过程中会发生固态相变，而这些相变又会导致严重应变或开裂的晶体材料(因而生长应在这相变点以下进行)。

(3)在熔点时，蒸汽压很高的材料。

(4)由于可挥发组分的损失而会变成非化学计量的材料。

(5)由于坩埚或炉子的问题而在技术上难于使用熔体法生长的难熔材料。

研究表明，只要采取适当的措施和提供合适的工艺条件，采用助熔剂法生长出来的晶体相比于熔体法生长的晶体，其热应力小，更均匀完整。有时一些本来能用熔体法生长的晶体或层状材料，为了获得高品质的晶体也改用助熔剂法来进行生长。尤其是，一些在技术应用上很重要的晶体（如砷化镓晶体），其块晶是用熔体法生长的，但用得最多的器件却是从金属作助熔剂的溶液中生长出来的层状材料。在较低温度上生长的层状晶体的点缺陷浓度和位错密度都较低，能够生长出化学计量比和掺杂离子浓度均匀性好的晶体，因而在结晶学上助熔剂法比熔体法生长的晶体更为优良。

2. 缺点

这个方法的主要缺点包括以下几点。

（1）晶体生长是在"不纯"的体系中进行的，而不纯物主要为助溶剂本身，因而要想避免生长晶体中出现溶剂包裹体，生长必须在比熔体生长慢得多的速度下进行，致使生长速率极为缓慢，生长的周期长（十几天至几十天），这是由它的生长机制所决定的。

（2）助熔剂还可以将杂质引入晶体，首先是助熔剂的主要成分可能以离子或原子的形式进入晶体，其次是原来就存在于助溶剂中的杂质以离子或原子形式进入晶体。

（3）很多助熔剂都具有不同程度的毒性，其挥发物常常腐蚀和污染炉体，并对人体造成损害。

3.1.4.4 助熔剂的选择

助熔剂法生长晶体的关键之一是选择适当的助熔剂，助熔剂直接影响到晶体质量。目前助熔剂的选择还是以经验与试验为主，理想的助熔剂应满足以下几条基本原则。

（1）对晶体材料应具有足够强的溶解能力，一般应为 $10\sim50$ %重量，同时在生长温度范围内，还应有适度的溶解度的温度系数。

（2）所生成的晶体是唯一稳定的物相，助熔剂与参与结晶的成分最好不要形成多种稳定的化合物。

（3）固溶度尽可能小，尽可能选用同离子助溶剂。

（4）具有尽可能低的熔点和尽可能高的沸点，才能有较大的生长温区。

（5）应具有尽可能小的黏滞性，使扩散速率、生长速率和完整性提高。

（6）在使用温度下挥发性要低（蒸发法除外），毒性和腐蚀性要小，避免对人体、坩埚和环境造成损害和污染。

（7）易溶于对晶体无腐蚀作用的液体溶剂中，如水、酸性或碱性溶液等，以便于生长结束时晶体从凝固的助溶剂中容易地分离出来。

（8）在熔融状态时，其比重应尽量与结晶材料相近，否则上下浓度不易统一。

§3.2 激光晶体的光谱测试原理和方法[13-17]

激光晶体材料中的激活离子受到周围晶格离子的静态晶体场作用及晶格振动和外场的各种相互作用，使激活离子产生晶体场分裂和各种发射吸收现象。用光频电场照射晶体时，当光子能量与上下能级差相等时，低能级的电子吸收光子能量后从低能级向高能级跃迁；撤去光频照射后，高能级的电子经过无辐射跃迁至亚稳态后经过辐射跃迁回到低能级，产生光的吸收和发射，这是产生吸收和发射光谱的基本原理。

3.2.1　吸收光谱的测量原理与实验装置

吸收光谱是指物质在光频波段范围内吸收系数或吸收强度随频率或波长的变化而连续分布的总体。

不同的发光物质表现出式样不同的吸收光谱。多数稀土金属离子（如 Nd^{3+}，Er^{3+} 等）在物质中呈现出窄的谱带，而多数过渡族金属离子（如 Cr^{3+}，Ti^{3+}）在物质中的吸收带则较宽。Nd^{3+}、Er^{3+}、Sm^{3+} 和 Tm^{3+} 等激活离子由于 5d 电子的屏蔽作用，同一种离子激活在不同晶体场中光谱基本相似。Yb^{3+} 离子由于 $4f^{13}$ 电子结构具有大的自旋-轨道耦合系数而存在较强的声子耦合，受外围晶格场的影响较大。过渡金属离子在不同强度的晶格场中，光谱差异非常明显。由于吸收光谱直接表征了发光中心与晶体的组成、结构的关系及晶格场对它的影响，所以吸收光谱对发光材料的研究具有重要作用。物质吸收光谱的测定原理如图 3.10 所示。

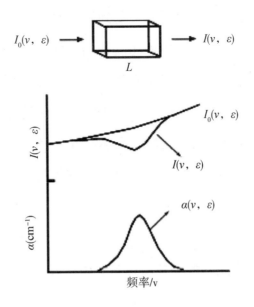

图 3.10　入射光为 $I_0(\nu, \varepsilon)$ 时测定的吸收光谱的原理

一束单色平行光 $I(\nu, \varepsilon)$ 在经过厚度为 l cm 介质时，其强度的变化规律符合 Lambert – Beer 定律，即：

$$I(v,\varepsilon) = I_0(v,\varepsilon)\exp\left[-\alpha(v,\varepsilon)l\right] \qquad (3-10)$$

这里，$I_0(\nu, \varepsilon)$ 是频率为 v 的入射光强度；ε 为入射光的偏振方向；$a(v, \varepsilon)$ 是吸收系数，它表示光在固体中传播的指数衰减率；$\alpha(v, \varepsilon)$ 是频率、偏振方向和激活离子浓度的函数，单位用 cm^{-1} 来表示。(3 – 10)式可以写成：

$$\alpha(\nu, \varepsilon) = \frac{1}{l} \ln \frac{I_0(\nu, \varepsilon)}{I(\nu, \varepsilon)} \qquad (3-11)$$

图 3.11 所示的是一般吸收光谱仪的光路图。

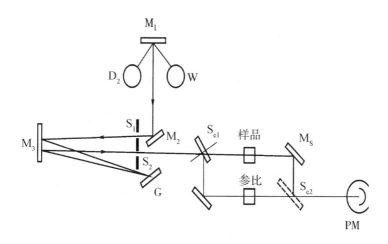

图 3.11　吸收光谱仪的光路示意图

常用的吸收光谱仪测定的是光的透过率 T 或光密度 OD，$T = I(\nu, \varepsilon)/I_0(\nu, \varepsilon)$，$OD = \log_{10}(1/T)$，因此实验直接测得的吸收谱图给出的一般是光密度(OD)或透过率(T)与波长(λ)的关系曲线。根据所测量的透过率或光密度可用下式计算吸收系数 $a(\nu, \varepsilon)$：

$$\alpha(\nu, \varepsilon) = \frac{2.303}{l} \lg\left(\frac{1}{T}\right) = \frac{2.303}{l} OD \qquad (3-12)$$

吸收系数体现了物质对光吸收的能力，吸收系数越大，对光的吸收就越强。虽然吸收系数能够体现物质对光吸收的能力，但是由于它没有考虑激活离子浓度的影响，无法比较两种不同掺杂浓度的物质对光的吸收能力的大小。为了便于比较不同浓度的物质对光的吸收能力的大小，客观评价不同物质的吸光能力，人们引入了吸收跃迁截面 σ_{abs} 这个物理量，定义为

$$\sigma_{abs}(\lambda) = 2.303 \frac{OD(\lambda)}{lN_0} = \alpha(\lambda)/N_0 \qquad (3-13)$$

式中：σ_{abs} 表示吸收跃迁截面；α 表示吸收系数；N_0 表示晶体中单位激活离子数的浓度。吸收跃迁截面可以客观衡量一种材料对入射光的吸收程度，吸收越强，光的利用效率就越高。

3.2.2　荧光光谱的测量原理与实验装置

晶体中的激活离子受到外界能源激励后，由激发态回到基态而产生荧光(fluore scence，FS)，荧光光谱仪就是利用这一特性，施予晶体激发光，使其产生荧光，并记录荧光的波长和强度。

在激光晶体中激活离子经过吸收泵浦光和弛豫跃迁两个步骤后进入亚稳态，亚稳态到终态的自发辐射跃迁被称为荧光发射。荧光发射的特点：可产生荧光的激活离子在接受能量后即刻引起发光，而一旦停止供能，发光(荧光)现象也随之瞬间消失。发射荧光的光量子数即荧光强度，除受激发光强度影响外，也与激发光的波长有关。选择激发光的波长接近于激活离子的最大吸收峰波长，得到的荧光强度最大。

测量荧光光谱的一般实验设计如图 3.2 所示。整个系统可用于测量偏振和非偏振荧光光谱。从偏振荧光光谱可以得到晶体中光激发中心的对称位置的信息，因为光传输的强度与偏振方向有

关。当发光中心占据八面体对称的位置时，从发光中心发射出的光是非偏振的。当发光中心占据低于八面体对称位置时，从发光中心发射出的光呈现出各向异性。测量偏振荧光光谱时，需在单色器的狭缝前各放置一块偏振器，使入射光线转变为偏振光，然后再进入样品，这时的样品需要进行定向，分别让特定的折光轴方向平行于光的电场矢量方向，这时记录下来的光谱就是偏振荧光谱。

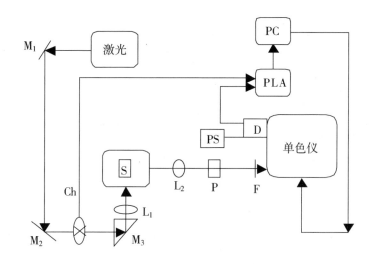

图 3.12　测量荧光光谱的实验系统

S——样品；L——透镜；Ch——斩波器；M——反射镜；P——偏振镜；

F——光纤；D——检测器；PS——电源；PLA——锁相滤波器

3.2.3　荧光寿命的测量原理与实验装置

荧光寿命是指激活离子被激发后，在亚稳态停留的平均时间。

换句话说，也就是处于亚稳态能级上的粒子所有跃迁几率之和的倒数。固体激光材料的荧光寿命是指当激发源被撤去以后，其荧光强度 I 衰减至初始值 I_0 的 $1/e$ 时所经历的时间，被称荧光寿命，常用 τ 表示。

$$I_t = I_0 \, e^{-kt} \qquad (3-15)$$

其中，I_0 是激发时最大荧光强度；I_t 是时间 t 时的荧光强度；k 是衰减常数。假定在 τ 时测得的 I_t 为 I_0 的 $1/e$，则：

$$I_t = \frac{1}{e} I_0$$

$$\tau = 1/k \qquad (3-16)$$

即寿命 τ 是衰减常数 k 的倒数。

对于一个两能级系统，激发的强锐脉冲以 $t=0$ 产生一个集聚粒子数 N_b 的激发态。如果进一步的辐射不再介入，那么来源于能级 b 的自发辐射速率可用下式表示：

$$\frac{\mathrm{d}N_b}{\mathrm{d}t} = -N_b A_{ba} \qquad (3-17)$$

通过积分，我们获得：

$$N_b(t) = N_b(0)\exp(-A_{ba}t) \qquad (3-18)$$

发射强度即每秒发光的能量，可以写为 $I(\omega)_t = A_{ba}N_b(t)h\omega$，因此当 $t>0$ 时，有 $I(\omega)_t = I(\omega)_0\exp(-A_{ab}t)$。指数项通常写成 $\exp(-t/\tau_R)$，这里 τ_R 是辐射衰减时间。那么，我们得到：

$$\tau_R^{-1} = A_{ab} \qquad (3-19)$$

辐射寿命 τ_R 可通过测量发射强度的指数减少来确定。当 $I = I_0/e$ 时，这时 τ_R 等于 t，t 是用测量寿命的装置直接测出的。对于允许电偶极跃迁，其辐射寿命为 $10^{-8} \sim 10^{-9}$ 秒。由于过渡金属和稀土离子的跃迁是偶禁戒或自旋禁戒的，所以它们的辐射寿命在 $10^{-3} \sim 10^{-6}$ 秒的范围内。

按照荧光强度衰减公式：

$$N_b(t) = N_b(0)\exp(-t/\tau) \qquad (3-20)$$

两边取对数获得：

$$\ln N_b(t) - \ln N_b(0) = -t/\tau \qquad (3-21)$$

所得直线斜率的负倒数即是荧光寿命。

荧光寿命的测量装置如图 3.13 所示，测量荧光寿命需要用一个与吸收带相匹配的短脉冲激发源，通常使用可调谐染料激光或短脉冲氙灯作为激发光源。

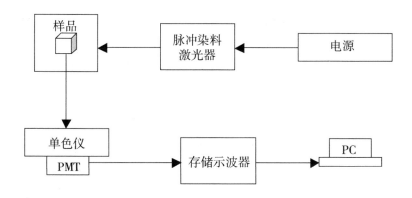

图 3.13　荧光寿命测量装置图

参考文献

［1］Giess　E　A.　Advanced　crystal　growth［M］.ed. by DRYBURGH P M，COCKAYUN B，BARRACLOUGH K G，London：Prentice Hall International（UK）Ltd，1987，p245 – 265.

［2］张克从，张乐惠.晶体生长［M］.北京：科学出版社，1981.

［3］张克从，张乐惠.晶体生长科学与技术(上册)［M］.北京：科学出版社，1993.

［4］闵乃本.晶体生长物理基础［M］.上海：上海科技出版社，1982.

［5］姚连增.晶体生长基础［M］.合肥：中国科学技术大学出版社，1995.

［6］Lauciser　A. Growth　of　Single　Crystals［M］.Prentice – Hall. Inc.，1970.

［7］梁敬魁.相图和相结构［M］.北京：科学出版社，1993.

［8］张玉龙，唐磊主编.人工晶体——生长技术、性能与应用［M］.北京：北京化学工业出版社，2005.

［9］B R 潘普林［英］主编.刘如冰、沈德中，张红武、戚立昌译.晶体生长［M］.北京：北京中国建筑出版社，1981.

［10］R A 劳迪斯［美］主编．刘光照译，单晶生长［M］．北京：科学出版社，1979

［11］Nielsenj W, Dearbom E F. The growth of single crystal of magnetic garnets［J］. J. Phys. Chem. Solids, 1958, 5：202 – 207.

［12］Chen W, Jiang A D, Wang G F. Growth of high – quality and large – sized β – BaB$_2$O$_4$ crystal［J］. J. Cryst. Growth, 2003, 256：383 – 386.

［13］江祖成．现代原子发射光谱分析［M］．北京：科学出版社，1999.

［14］徐秋心．实用发射光谱分析［M］．成都：四川科技出版社，1993.

［15］范康年．谱学导论［M］．北京：高等教育出版社，2002.

［16］方容川．固体光谱学［M］．合肥：中国科学技术大学出版社，2001.

［17］D A 斯科格，D M. 韦斯特著，金钦汉译．仪器分析原理（第二版）［M］．上海：上海科学技术出版社，1985.

第 4 章 掺 Cr^{3+} 的 $RX_3(BO_3)_4$
$(R = Y^{3+}$, Gd^{3+} , La^{3+} ; $X = Al^{3+}$, $Sc^{3+})$
双金属硼酸盐可调谐激光晶体材料

双金属硼酸盐是一类重要的激光晶体基质材料，例如，Nd^{3+}：$YAl_3(BO_3)_4$ 和 Nd^{3+}：$GdAl_3(BO_3)_4$ 晶体是一种优秀的自倍频激光晶体材料。本章介绍掺 Cr^{3+} 的双金属硼酸盐晶体 $X_3(BO_3)_4$（式中 $R = Y^{3+}$，Gd^{3+}；$X = Al^{3+}$，Sc^{3+}）的结构、晶体生长和可调谐激光性能。

§ 4.1 $RX_3(BO_3)_4$ 双金属硼酸盐晶体结构特性[1-13]

1962 年 A. A. Ballman 报道了双金属硼酸盐 $RAl_3(BO_3)_4$（式中 $R = Y^{3+}$，Nd^{3+}，Gd^{3+}，Lu^{3+}，Tb^{3+}，Dy^{3+}，Ho^{3+}，Er^{3+}，Yb^{3+}）和 $RCr_3(BO_3)_4$（式中 $R = Sm^{3+}$，Gd^{3+}）化合物，采用 K_2SO_4 –

$3MoO_3$ 和 $PbF_2-3B_2O_3$ 作为助熔剂合成出双金属硼酸盐化合物。这些化合物与具有 $R32$ 空间群的钙钛矿晶体 $CaMg_3(CO_3)_4$ 是异质同构体。1974 年 H. H-P. Hong 等人[3]报道了详细的 $NdAl_3(BO_3)_4$ 晶体结构，$NdAl_3(BO_3)_4$ 晶体属于六方晶系，$R32$ 空间群，晶胞参数为 $a=9.341$ Å，$c=7.3066$ Å。$NdAl_3(BO_3)_4$ 晶体结构由畸变的 NdO_6 八面体、AlO_6 八面体和 BO_3 平面三角组成，如图 4.1 所示。然而，1979 年 O. Jarchow[4]认为 $NdAl_3(BO_3)_4$ 晶体是属于单斜晶系，存在两相共存结构，即含有 $C2/c$ 和 $C2$ 两个空间群。1981 年和 1983 年 F. Lutz 和 W. Zwiter 等人[5,6]也认为 $NdAl_3(BO_3)_4$ 晶体存有两相共存结构。1983 年 E. L. Belokoneva 等人[7]认为 $NdAl_3(BO_3)_4$ 晶体是属于单斜晶系，空间群为 $C2/c$。在这期间关于 $NdAl_3(BO_3)_4$ 晶体结构的报道是相互矛盾的，没有一致的结论。1991 年作者发现 $NdAl_3(BO_3)_4$ 晶体实际上是一种多形体化合物，它具有两个相变点和三种相结构，即分别具有 $R32$、$C2/c$ 和 $C2$ 空间群。事实上其他双金属化合物 $RX_3(BO_3)_4$（$R=Y^{3+}$，镧系；$X=Al^{3+}$，Sc^{3+}，Cr^{3+}）也多存在着多形体现象。

无论 $RX_3(BO_3)_4$ 晶体具有哪一种晶体结构，它们都是由畸变的 RO_6 八面体、XO_6 八面体和 BO_3 平面三角组成，如图 4.1 至图 4.7 所示。两个 RO_6 八面体之间不是通过共用一个氧原子链接在一起，而是通过 R-O-X-O-R 方式链接在一起，形成彼此相对孤立的多面体。R-R 离子间的距离从 5.596 Å 至 6.623 Å。当 Nd^{3+} 和 Er^{3+} 等稀土激活离子掺入 $RX_3(BO_3)_4$ 晶体中，这种结构可减弱激光上能级之间的相互作用，从而降低了激光浓度淬灭效应。

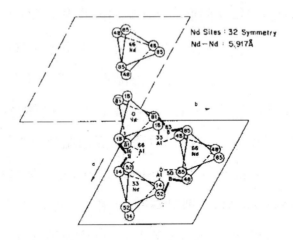

图 4.1　具有 *R*32 空间群的 NdAl$_3$(BO$_3$)$_4$晶体结构

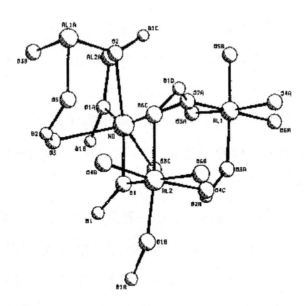

图 4.2　具有 *C*2/*c* 空间群的 NdAl$_3$(BO$_3$)$_4$晶体结构

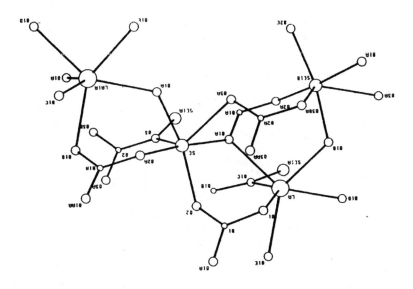

图 4.3　具有 *Cc* 空间群的 $\gamma - \mathrm{LaSc_3(BO_3)_4}$ 晶体结构

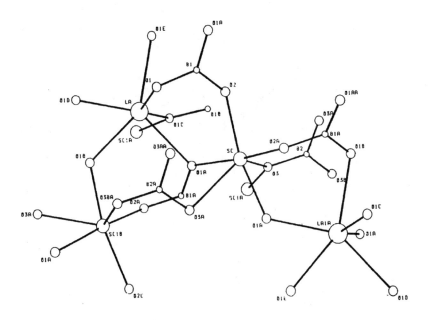

图 4.4　具有 *R*32 空间群的 $\beta - \mathrm{LaSc_3(BO_3)_4}$ 晶体结构

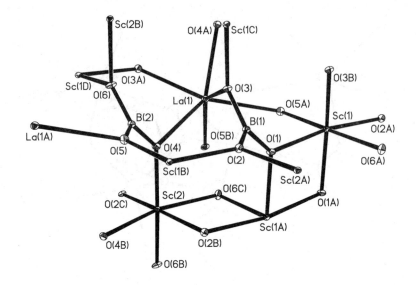

图 4.5　具有 $C2/c$ 空间群的 $\alpha - LaSc_3(BO_3)_4$ 晶体结构

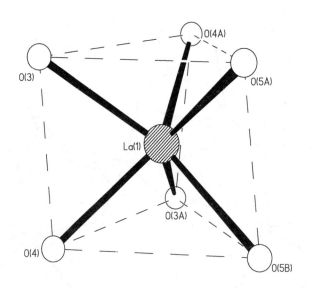

图 4.6　在 $\alpha - LaSc_3(BO_3)_4$ 晶体中 LaO_6 畸变三角棱柱

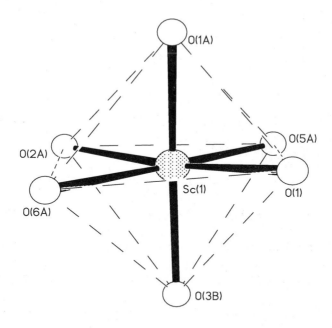

图 4.7 在 $\alpha - LaSc_3(BO_3)_4$ 晶体中 ScO_6 畸变八面体

§ 4.2 掺 Cr^{3+} 和其他稀土离子 $RX_3(BO_3)_4$ 晶体生长[14-47]

由于大多数的双金属硼酸盐 $RX_3(BO_3)_4$ 晶体在高温下分解成它们的成分相 RBO_3 和 XBO_3，因此它们只能采用助熔剂法生长。而 $LaSc_3(BO_3)_4$ 和 $NdSc_3(BO_3)_4$ 晶体是双金属硼酸盐 $RX_3(BO_3)_4$ 晶体中唯一能够采用提拉法生长的晶体。

4.2.1 掺 Cr^{3+} 的 $LaSc_3(BO_3)_4$ 晶体的提拉法生长

（1）原料合成。采用固相合成法合成掺 Cr^{3+} 的 $LaSc_3(BO_3)_4$ 粉末原料，其反应方程式如下：

$$La_2O_3 + 2.95Sc_2O_3 + 0.05Cr_2O_3 + 8H_3BO_3$$

$$=\!=\!= 2LaSc_{2.97}Cr_{0.05}(BO_3)_4 + 12H_2O \qquad (4-1)$$

称取化学计量比的高纯 La_2O_3，Sc_2O_3，Cr_2O_3 和 H_3BO_3 作为原料，其中，称取过量 5 wt.% 的 H_3BO_3，以弥补在高温合成和生长过程中 B_2O_3 挥发的损失。原料经研磨混合均匀后压成片，在 1 200 ℃下烧结 24 h，取出后重新研磨、压片和烧结一次。

（2）提拉法晶体生长。由于 Cr^{3+}：$LaSc_3(BO_3)_4$ 晶体的熔点高于 1 600 ℃，采用中频提拉法单晶生长炉，加热装置用 25 kW 晶闸管中频感应电源，双铂铑（Pt/Rh30 - Pt/Rh10）热电偶测温，精密的温度控制仪控制生长温度，其控温精度为 ±0.1 ℃ 采用铱金坩埚作为生长坩埚，坩埚尺寸为 $\phi 60 \times 40$ mm^3。晶体生长的温度梯度通过坩埚位置和后加热器来调整。后加热器由 Al_2O_3 陶瓷管、铂金反射罩和 Al_2O_3 陶瓷盖片等制作成。

在 $\phi 60 \times 40$ mm^3 的铱金坩埚中放入压成片的 Cr^{3+}：$LaSc_3(BO_3)_4$ 原料，抽真空后，充入 N_2。在 1 600 ℃ 左右，以 1.0 mm/h 的提拉速度和 10 rpm 的晶体转速，生长出了尺寸为 $\phi 20 \times 35$ mm^3 深绿色的 Cr^{3+}：$LaSc_3(BO_3)_4$ 晶体，如图 4.8 所示。

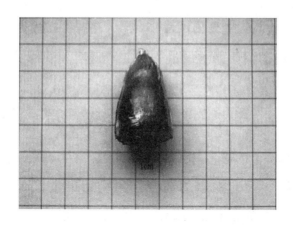

图 4.8　提拉法生长的 Cr^{3+}：$LaSc_3(BO_3)_4$ 晶体

4.2.2　掺 Cr^{3+} 的 $RX_3(BO_3)_4$ 晶体助熔剂法生长

4.2.2.1　助熔剂选择与特性

到目前为止，人们尝试采用了许多不同的助熔剂生长出大尺寸高质量的 $RX_3(BO_3)_4$ 晶体，例如 $PbF_2 - B_2O_3$、$Li_2B_4O_7$、$Na_2B_4O_7$、$BaO - B_2O_3$、$K_2Mo_3O_{10}$ 和 $K_2Mo_3O_{10} - KF$（K_2SO_4 或 PbF_2）等助熔剂。但是采用助熔剂法生长大尺寸和高质量的 $RX_3(BO_3)_4$ 晶体是非常困难的。

在众多的助熔剂中，三钼酸钾 $K_2Mo_3O_{10}$ 是比较成功地应用于生长 $RAl_3(BO_3)_4$ 晶体的，但它存在着两个缺点。首先，双金属硼酸盐在三钼酸钾溶液中溶解度非常低。其次，在高温下溶液具有非常高挥发性。例如，采用 $K_2Mo_3O_{10}$ 作为助熔剂，在 1 000 ～ 1 100 ℃下生长 $YAl_3(BO_3)_4$ 晶体，在一个生长周期内溶液挥发了约50%的重量，所生长出的晶体包裹严重。因此需要提高三钼酸钾 $K_2Mo_3O_{10}$ 在溶液中的溶解能力，并降低溶液的挥发性。

1996 年作者[44]研究了 $YAl_3(BO_3)_4$ – $K_2Mo_3O_{10}$ – B_2O_3 三元系相图（见图 4.9），和 S. T. Jung 等人[28]分别采用 $K_2Mo_3O_{10}$ – B_2O_3 复合助熔剂生长出掺 Cr^{3+} 和 Nd^{3+} 的 $YAl_3(BO_3)_4$ 晶体，结果表明 $K_2Mo_3O_{10}$ – B_2O_3 复合助熔剂适合作为助熔剂生长 $YAl_3(BO_3)_4$ 晶体。作者进一步研究了 $K_2Mo_3O_{10}$ – B_2O_3 复合助溶剂的特性，结果表明添加少量的 B_2O_3 到 $K_2Mo_3O_{10}$ 中可提高 $YAl_3(BO_3)_4$ 和 $GdAl_3(BO_3)_4$ 晶体在溶液中的溶解度，并降低了溶液的挥发性，如图 4.10 至 4.14 所示。此外，还发展了新的复合助熔剂 $K_2Mo_3O_{10}$ – $Li_2B_4O_7$ 应用于生长 $RSc_3(BO_3)_4$ 晶体。

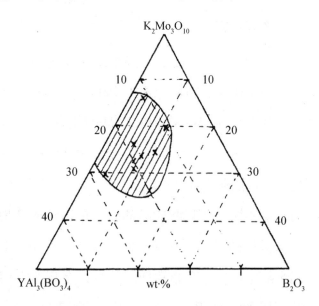

图 4.9 $YAl_3(BO_3)_4$ – $K_2Mo_3O_{10}$ – B_2O_3 三元系相图（阴影区为 $YAl_3(BO_3)_4$ 存在相区）

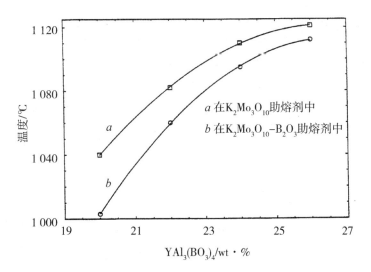

图 4.11　YAl$_3$(BO$_3$)$_4$晶体的溶解度曲线

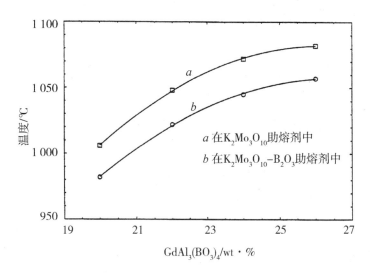

图 4.12　GdAl$_3$(BO$_3$)$_4$晶体的溶解度曲线

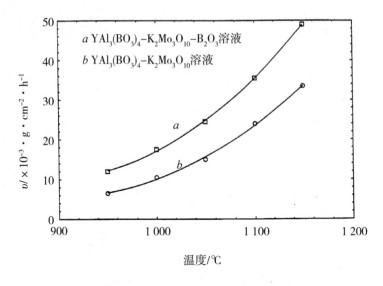

图 4.13　溶液的挥发率与温度关系图

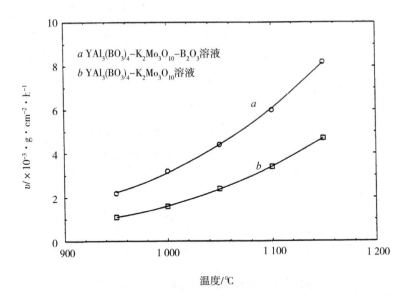

图 4.14　溶液的挥发率与温度关系图

4.2.2.2 掺 Cr^{3+} 的 $YAl_3(BO_3)_4$ 晶体顶部籽晶助熔剂法生长

复合助熔剂 $K_2Mo_3O_{10} + B_2O_3$ 按照下述化学反应式称取，并加入 3 wt. % 的 B_2O_3。

$$K_2CO_3 + 3MoO_3 \rightarrow K_3Mo_3O_{10} + CO_2 \uparrow \qquad (4-2)$$

掺 0.2 at. % Cr_2O_3 的 $YAl_3(BO_3)_4$ 按照下述化学反应式称取。

$$Y_2O_3 + 3Al_2O_3 + 8H_3BO_3 \rightarrow 2YAl_3(BO_3)_4 + 12H_2O \quad (4-3)$$

掺 0.2 at. % Cr_2O_3 的 $YAl_3(BO_3)_4$ 与复合助熔剂 $K_2Mo_3O_{10} + B_2O_3$ 的重量比为 78∶22。原料混合均匀后直接装入铂坩埚中，将坩埚置于晶体生长炉中，将炉子温度升至大约 1 100 ℃，恒温一段时间，使熔体反应完全，采用试晶法精确测定出晶体生长饱和点温度。晶体生长时以 1 ℃/d 的降温速率和 15～30 r/min 的转速生长，生长周期大约 30～40 d。当生长结束时，将晶体提离溶液液面，以 10 ℃/h 降温速率降至室温。图 4.15 和图 4.16 分别为顶部籽晶助熔剂法生长的 Cr^{3+}∶$YAl_3(BO_3)_4$ 晶体和 Ti^{3+}∶$YAl_3(BO_3)_4$ 晶体。

采用顶部籽晶助熔剂法生长的 $RX_3(BO_3)_4$ 晶体通常不同程度地含有包裹体和开裂，后来人们发现 $RX_3(BO_3)_4$ 晶体的质量和形貌与晶体生长的籽晶方向有密切的关系。例如，以 $K_2O/3MoO_3/0.5B_2O_3$ 为助溶剂，采用 [001] 方向籽晶，生长出高质量、透明的和具有六方柱状完整形貌的 Nd^{3+}∶$YAl_3(BO_3)_4$ 晶体，如图 4.17 所示。

图 4.15　TSSG 法生长尺寸为 $12 \times 16 \times 22\ \text{mm}^3$

的 Cr^{3+}：$YAl_3(BO_3)_4$ 晶体

图 4.16　TSSG 法生长尺寸为 $42 \times 36 \times 24\ \text{mm}^3$ 的

Ti^{3+}：$YAl_3(BO_3)_4$ 晶体

图 4. 17 TSSG 法生长尺寸为 $45 \times 27 \times 20$ mm^{3}的

Nd^{3+}：$YAl_3(BO_3)_4$晶体

§4. 3 掺 Cr^{3+} 的 $RX_3(BO_3)_4$晶体光谱特性[42-53]

4. 3. 1 掺 Cr^{3+} 的 $RX_3(BO_3)_4$晶体吸收光谱特性

图 4. 18 至 4. 20 分别为 Cr^{3+}：$YAl_3(BO_3)_4$（Cr^{3+}：YAB）、

Cr^{3+}：$GdAl_3(BO_3)_4$（Cr^{3+}：GAB）、Cr^{3+}：$YSc_3(BO_3)_4$（Cr^{3+}：

YSB）、Cr^{3+}：$GdSc_3(BO_3)_4$（Cr^{3+}：GSB）和 α － Cr^{3+}：

$LaSc_3(BO_3)_4$（Cr^{3+}：LSB）晶体的室温下偏振吸收光谱图。Cr^{3+}：

$RX_3(BO_3)_4$ 晶体的吸收光谱的主要特征由来自两个自旋允许跃迁 $^4A_2 \rightarrow {}^4T_1$ 和 $^4A_2 \rightarrow {}^4T_2$ 的宽吸收带组成。在近 420 nm（Cr^{3+}：YAB 和 Cr^{3+}：GAB）和 450 nm（Cr^{3+}：YSB、Cr^{3+}：GSB 和 Cr^{3+}：LSB）的宽吸收峰源自 $^4A_2 \rightarrow {}^4T_1$ 能级跃迁。在近 590 nm（Cr^{3+}：YAB 和 Cr^{3+}：GAB）和 650 nm（Cr^{3+}：YSB、Cr^{3+}：GSB 和 Cr^{3+}：LSB）的宽吸收峰源自 $^4A_2 \rightarrow {}^4T_2$ 能级跃迁。在 Cr^{3+}：YAB 和 Cr^{3+}：GAB 晶体中，叠加在 $^4A_2 \rightarrow {}^4T_2$ 吸收峰长波一端边带上的小锐吸收峰是

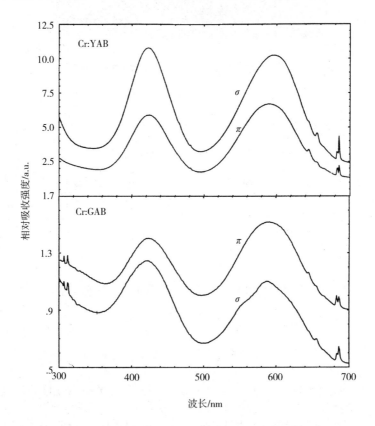

图 4.18　Cr^{3+}：YAB 和 Cr^{3+}：GAB 晶体的室温偏振吸收光谱

R – 线，R – 线是源自自旋和宇称禁戒的 $^4A_2 \to \ ^2E$ 能级跃迁。图 4.20 中在 Cr^{3+}：LSB 晶体吸收光谱长波一端的 677 nm 附近有一个小凹谷，这一特征可以用法诺（Fano）反共振原理进行解释，当锐线能级（^2E 能级）与宽带能级（$^4T_2$ 能级）相重叠时，由于两者之间的相互作用形成反共振线型的小凹谷，这是弱晶场的特征表现。

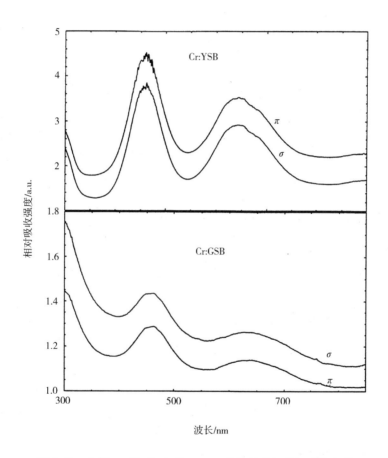

图 4.19 Cr^{3+}：YSB 和 Cr^{3+}：GSB 晶体的室温偏振吸收光谱

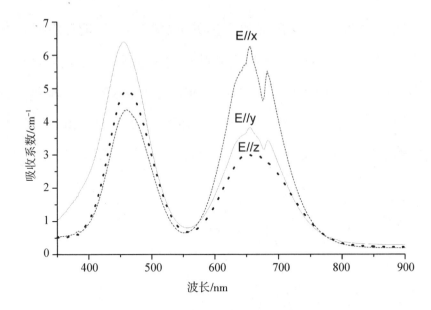

图 4. 20　Cr^{3+}：LSB 晶体的室温偏振吸收光谱

4.3.2　掺 Cr^{3+}的 RX$_3$(BO$_3$)$_4$晶体荧光光谱特性

图 4. 21 至图 4. 25 分别示出室温下 Cr^{3+}：YAl$_3$(BO$_3$)$_4$(Cr^{3+}：YAB)、Cr^{3+}：GdAl$_3$(BO$_3$)$_4$(Cr^{3+}：GAB)、Cr^{3+}：LuAl$_3$(BO$_3$)$_4$(Cr^{3+}：LuAB)、Cr^{3+}：GdGa$_3$(BO$_3$)$_4$(Cr^{3+}：GGB)、Cr^{3+}：YSc$_3$(BO$_3$)$_4$(Cr^{3+}：YSB)、Cr^{3+}：GdSc$_3$(BO$_3$)$_4$(Cr^{3+}：GSB)、GdCr$_3$(BO$_3$)$_4$(CrGB)、和 α-Cr^{3+}：LaSc$_3$(BO$_3$)$_4$(Cr^{3+}：LSB)晶体的荧光光谱图，它们展示出不同的光谱特征。Cr^{3+}：YAB、Cr^{3+}：GAB、Cr^{3+}：LuAB 和 Cr^{3+}：GGB 晶体的荧光发射峰由 $^4T_2 \rightarrow {}^4A_2$ 能级跃迁的宽发射带和叠加在它短波一方边带上的由

$^2E \rightarrow {}^4A_2$ 发射的 R – 线组成。而 Cr^{3+}：YSB、Cr^{3+}：GSB、CrGB 和 Cr^{3+}：LSB 晶体的荧光光谱只有 $^4T_2 \rightarrow {}^4A_2$ 能级跃迁的宽发射带，即便在低温下也只有一个宽的发射带，如图 4.24 至图 4.27 所示。

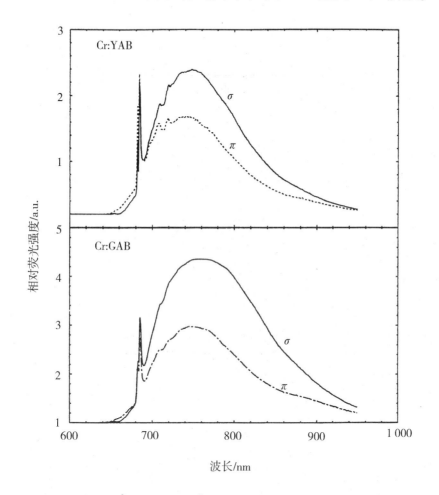

图 4.21 Cr^{3+}：YAB 和 Cr^{3+}：GAB 晶体的室温偏振荧光光谱

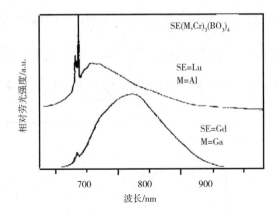

图 4.22　Cr^{3+}∶LuAB 和 Cr^{3+}∶GGB 晶体的室温荧光光谱

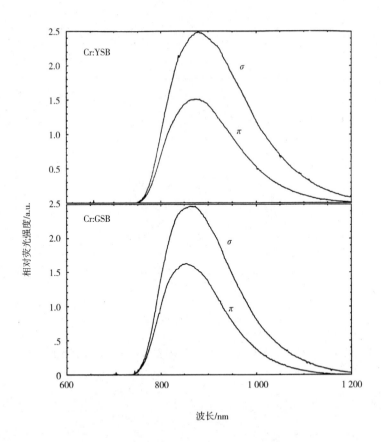

图 4.23　Cr^{3+}∶YSB 和 Cr^{3+}∶GSB 晶体的室温偏振荧光光谱

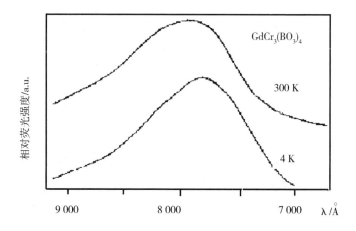

图 4.24 在 300 K 和 4 K 温度下 CrGB 晶体的荧光光谱

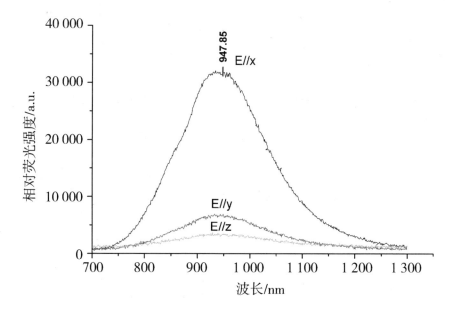

图 4.25 Cr³⁺：LSB 晶体的室温偏振荧光光谱

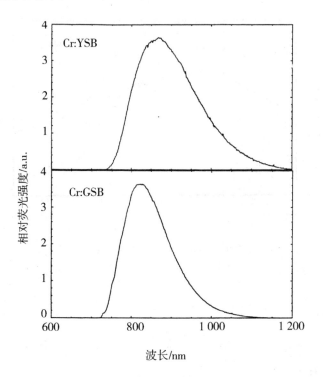

图 4.26　在 14 K 温度下 Cr^{3+}：YSB 和 Cr^{3+}：GSB 晶体的荧光光谱

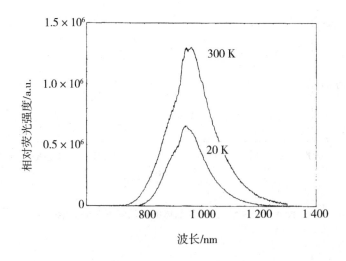

图 4.27　在 300 K 和 20 K 温度下 Cr^{3+}：LSB 晶体的荧光光谱

这些掺 Cr^{3+} 的 $RX_3(BO_3)_4$ 可调谐固体激光材料的光谱呈现出不同的形貌特征，这是由于在掺 Cr^{3+} 的 $RX_3(BO_3)_4$ 可调谐固体激光材料中，Cr^{3+} 取代晶体中 Al^{3+}、Sc^{3+}、Lu^{3+} 或 Gd^{3+} 的近八面体对称性位置。在八面体对称性中 Cr^{3+} 离子的电子能级取决于晶场参数 D_q 和拉卡(Racah)参数 B 和 C。图 4.28 所示 Cr^{3+} 离子的能级结构与 D_q、B 和 C 关系的 Tanabe – Sugano 能级图。当 Cr^{3+} 占据不同的晶体场位置时，它们展示出不同的荧光光谱特征。根据 Tanabe – Sugano 能级图，荧光光谱的线型取决于激发态 ^2E 和 $^4T_2$ 之间的能量差 ΔE，这里 $\Delta E = E(^4T_2) - E(^2E)$。在强晶场中，由于大的正能级差 ΔE，$^4T_2$ 能级高于 ^2E 能级，最低激发态为 ^2E 能级，只能观察到 R – 线和它的振动声子边带，它的荧光光谱由锐线组成，例如红宝石晶体 Cr^{3+}：Al_2O_3。在中晶场中，^2E 和 $^4T_2$ 能级非常靠近，两者间的能级差 $\Delta E \approx 0$，它的荧光光谱由，$^2E \rightarrow {}^4A_2$ 能级跃迁的锐线 R – 线和 $^4T_2 \rightarrow {}^4A_2$ 能级跃迁的宽带组成。在弱晶场中，$\Delta E = E(^4T_2) - E(^2E)$ 是负值，它的最低激发态为 $^4T_2$ 能级，它的荧光光谱只由 $^4T_2 \rightarrow {}^4A_2$ 发射的宽带组成。

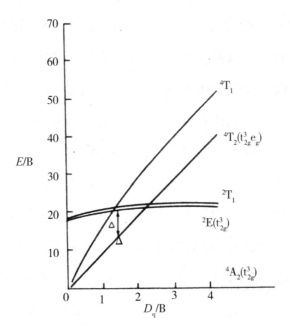

图 4.28　Cr^{3+} 的 Tanabe – Sugano 能级简图

4.3.3　掺 Cr^{3+} 的 $RX_3(BO_3)_4$ 晶体的晶场参数、能级和光谱性能

一般地说，计算和确定晶体能级需要低温光谱数据，根据特定条件下强声子耦合具有吸收和发射光谱成镜像对称的原理，用 $^4T_2$ 能级在室温下对 $^4A_2$ 能级的吸收和发射光谱的峰值位置 $E_a(^4T_2)$ 和 $E_e(^4T_2)$ 计算出 $^4T_2$ 能级的平衡位置 $E_0(^4T_2)$：

$$E_a(^4T_2) - E_0(^4T_2) = E_0(^4T_2) - E_e(^4T_2) = 1/2(\Delta E_{stokes})$$

$$(4-4)$$

ΔE_{stokes} 是由强声耦合引起的辐射能量的斯托克斯（Stokes）位移，由此计算出 $E_0(^4T_2)$ 的能级位置，并确定它与 ^2E 的能级差 ΔE。

Y. Tunabe 和 S. Sugano 给出了八面体对称条件下 Cr^{3+} 的能级与晶场强度及拉卡参数 B 和 C 关系，如下：

$$E_a(^4T_2) - E_0(^4A_2) = 10D_q \qquad (4-5)$$

$$E_a(^4T_1) - E_0(^4A_2) = 11D_q + 15B/2 \qquad (4-6)$$

$$E(^2E) \cong 3.05c + 7.90B - 18.0B^2/\delta \qquad (4-7)$$

其中，δ 为 $^4T_1$ 和 $^4T_2$ 两个吸收带峰值的能量差。

Cr^{3+} 的 $RX_3(BO_3)_4$ 可调谐固体激光材料的晶场参数和拉卡参数列于表4.1中。表4.2列出了 Cr^{3+} 的 $RX_3(BO_3)_4$ 可调谐固体激光材料的主要的光谱参数。在 Cr^{3+} 的 $RX_3(BO_3)_4$ 中，Cr：YAB 和 Cr：GSB 晶体具有较大的晶场强度 $D_q/B \approx 2.5$，$\Delta E \approx 540 \text{ cm}^{-1}$，接近于0，处于中晶场中。它们的激发态由 $^4T_2$ 和 ^2E 组成，荧光发射峰由 $^4T_2 \rightarrow ^4A_2$ 能级跃迁的宽发射带和 $^2E \rightarrow ^4A_2$ 发射的 R-线组成。Cr：LSB 晶体的晶场强度 D_q/B 最小，只有 2.26，ΔE 为 -216 cm^{-1}，表明它的最低激发态为 $^4T_2$ 能级，所以只存在着 $^4T_2 \rightarrow ^4A_2$ 宽带发射。

根据 Tanabe – Sugano 理论，将 D_q、B 和 C 值代入 Cr^{3+} 能级矩阵元，获得 Cr^{3+} 在 Cr^{3+}：$LaSc_3(BO_3)_4$ 晶体中的各个能级，列于表 4.3 中。

表4.1 Cr³⁺的RX₃(BO₃)₄可调谐固体激光材料的晶场参数和拉卡参数

晶体	D_q	B	D_q/B	C	$\Delta E/\mathrm{cm}^{-1}$
Cr：YAB	1 680	672	2.50	3 116	543
Cr：GAB	1 695	673	2.52	3 225	545
Cr：YSB	1 539	644	2.45	—	—
Cr：GSB	1 563	638	2.39	—	—
Cr：LSB	1 529	675	2.26	3502	−216

表4.2 Cr³⁺的RX₃(BO₃)₄可调谐固体激光材料的光谱参数

晶体	$^4A_2 \rightarrow ^4T_2$ /nm	FWHM /cm⁻¹	$^4A_2 \rightarrow ^4T_1$ /nm	FWHM /cm⁻¹	$^4T_2 \rightarrow ^4A_2$ /nm	FWHM /cm⁻¹	σ /10⁻²⁰ cm⁻²	τ /μs
Cr：YAB	595	2 730	425	3 580	740	2 310	—	379
Cr：GAB	590	2 530	422	3 400	750	2 240	—	379
Cr：YSB	650	2 810	460	3 380	910	2 590	—	109
Cr：GSB	645	2 830	458	3 100	900	2 750	—	132
Cr：LSB	654	2 910	457	4 277	963	1 817	6.65	17

表 4.3　Cr^{3+} 在 Cr^{3+}：$LaSc_3(BO_3)_4$ 晶体中的能级

$^{2S+1}\Gamma_1(O_h$群$)$	能级	能量 /cm^{-1}	对应基态的 能量/cm^{-1}
$^2T_2(a^2D,\ b^2D,\ ^2F,\ ^2G,\ ^2H)$	t_2^3 $t_2^2(^3T_1)e$ $t_2^2(^1T_2)e$ $t_2e^2(^1A_1)$ $t_2e^2(^1E)$	$-5\ 592$ $2\ 178$ $12\ 153$ $40\ 037$ $19\ 395$	$22\ 878$ $30\ 648$ $40\ 623$ $68\ 507$ $47\ 865$
$^2T_1(^2P,\ ^2F,\ ^2G,\ ^2H)$	t_2^3 $t_2^2(^3T_1)e$ $t_2^2(^1T_2)e$ $t_2e^2(^3A_2)$ $t_2e^2(^1E)$	$-12\ 384$ $7\ 229$ $2\ 609$ $17\ 511$ $24\ 282$	$16\ 086$ $35\ 699$ $31\ 079$ $45\ 981$ $52\ 752$
$^2E(a^2D,\ b^2D,\ ^2G,\ ^2H)$	t_2^3 $t_2^2(^1A_1)e$ $t_2^2(^1E)e$ e^3	$-12\ 968$ $21\ 772$ $4\ 437$ $41\ 357$	$15\ 502$ $50\ 242$ $32\ 907$ $69\ 827$
$^4T_1(^4P,\ ^4F)$	$t_2^2(^3T_1)e$ $t_2e^2(^3A_2)$	$-6\ 610$ $5\ 659$	$21\ 860$ $34\ 129$
$^4T_2(^4F)$	$t_2^2(^3T_1)e$	$-13\ 184$	$15\ 286$
$^2A_1(^2G)$	$t_2^2(^1E)e$	68	$28\ 538$
$^2A_2(^2F)$	$t_2^2(^1E)e$	$13\ 570$	$42\ 040$
$^4A_2(^4F)$	t_2^3	$-28\ 470$	0

在掺 Cr^{3+} 的可调谐激光晶体材料中，通常所测到的荧光寿命是 $^4T_2$ 能级和 ^2E 能级的复合寿命。由于 $^4T_2$ 能级向基态的跃迁是自旋允许的跃迁，因而具有较短的辐射寿命，^2E 能级向基态的跃迁是自旋禁阻的跃迁，它的寿命一般比较长，为毫秒级，如红宝石的荧光寿命就是在 3 μs 左右。在 Cr^{3+}：$RX_3(BO_3)_4$ 系列晶体中，

$\alpha - Cr^{3+}$：$LaSc_3(BO_3)_4$晶体的荧光寿命最短，只有 17 μs。由于它的 D_q/B 的值小于 2.3，ΔE 为 -226 cm^{-1}，最低激发态为 $^4T_2$ 能级，它的荧光寿命主要来源于 $^4T_2$ 能级向基态的跃迁，故而其荧光寿命较短。这一结果可用 P. T. Kenyon 的有效寿命 τ_{eff} 计算公式进行解释：

$$\frac{1}{\tau_{eff}} = \frac{\dfrac{1}{\tau(^2E)} + \dfrac{3}{\tau(^4T_2)}\exp(-\dfrac{\Delta}{KT})}{1 + 3\exp(-\dfrac{\Delta}{KT})} \qquad (4-8)$$

式中：$\tau(^2E)$ 和 $\tau(^4T_2)$ 分别表示 $^4T_2$ 能级和 ^2E 能级复合前的寿命；Δ 表示 $^4T_2$ 能级和 ^2E 能级的间隔。由于在 $\alpha - Cr^{3+}$：$LaSc_3(BO_3)_4$ 晶体中 ΔE 为负值，所以，它的 τ_{eff} 值基本上取决于短寿命的 $\tau(^4T_2)$。

在 Cr^{3+}：$RX_3(BO_3)_4$ 系列晶体中，$\alpha - Cr^{3+}$：$LaSc_3(BO_3)_4$ 晶体是一种理想的可调谐激光晶体增益介质材料。它在可见光区有两个宽的吸收带，分别对应于 $^4A_2 \rightarrow ^4T_1$ 和 $^4A_2 \rightarrow ^4T_2$ 能级跃迁，其吸收峰值分别位于 457 nm 和 654 nm 处，吸收跃迁截面分别为 3.57×10^{-20} cm^2 和 4.3×10^{-20} cm^2。$\alpha - Cr^{3+}$：$LaSc_3(BO_3)_4$ 晶体具有非常宽的发射谱，其峰宽从 740 到 1 280 nm，峰值位置为 963 nm，其半峰宽（FWHM）到达 194 nm，荧光寿命 17 μs，其发射跃迁截面为 6.65×10^{-20} cm^{-2}，是一种潜在的 LD 泵浦的宽调谐固体可调谐激光晶体材料。

§4.4　尺寸效应对掺 Cr^{3+} 的 $RX_3(BO_3)_4$ 晶体的晶场强度影响[54−56]

在 Cr^{3+}：$RX_3(BO_3)_4$ 系列晶体中，$R = Y^{3+}$ 或 稀土离子占据畸变的 RO_6 氧三棱柱中心，金属离子 $X = Al^{3+}$、Sc^{3+}、Ga^{3+} 或 Cr^{3+} 占据晶体中畸变的 XO_6 氧八面体中心。R 的半径依次增大：$Lu^{3+}(0.86\ Å) \rightarrow Y^{3+}(0.95\ Å) \rightarrow Gd^{3+}(1.11\ Å) \rightarrow La^{3+}(1.15Å)$，X 的半径依次增大：$Al^{3+}(0.55\ Å) \rightarrow Ga^{3+}(0.62\ Å) \rightarrow Cr^{3+}(0.65\ Å) \rightarrow Sc^{3+}(0.83\ Å)$。将 Cr^{3+}：$RX_3(BO_3)_4$ 系列晶体按离子半径大小列于表 4.4 中，发现 Cr^{3+}：$RX_3(BO_3)_4$ 晶体的晶场强度与金属离子的半径有密切关系，存在着一种"尺寸效应"。当 R 不变，随着 X 尺寸增大，晶场强度 D_q/B 逐渐减弱；当 X 不变时，随着 R 尺寸增大，晶场强度 D_q/B 逐渐减弱。另外，在 Cr^{3+}：$RX_3(BO_3)_4$ 系列晶体中，由于第二阳离子 R 的存在，使得被 Cr^{3+} 离子取代的第一阳离子 X 之间的距离及位置关系发生变化，也会对晶格场的强度产生影响。随着第二阳离子 R 半径增大，使得晶体的结构更加开放，从而使得第一阳离子 X 之间的相互作用减弱，从而减弱第一阳离子 R 位置之间的晶体场强度。在 Cr^{3+}：$RX_3(BO_3)_4$ 系列晶体中 Cr^{3+}：$LaSc_3(BO_3)_4$ 晶体有着最大离子半径的金属，所以它的晶场强度最弱，容易产生宽带发射 。

表 4.4　离子半径与 $Cr^{3+}:RX_3(BO_3)_4$ 晶体的晶场强度关系

离子半径/Å	晶体	D_q/B	晶体	D_q/B	晶体	D_q/B	晶体	D_q/B
	$Al^{3+}(0.55)$		$Ga^{3+}(0.62)$		$Cr^{3+}(0.65)$		$Sc^{3+}(0.83)$	
$Lu^{3+}(0.86)$	$LuAl_3(BO_3)_4$	—	—	—	—	—	—	—
$Y^{3+}(0.95)$	$YAl_3(BO_3)_4$	2.50	$YGa_3(BO_3)_4$	—	$YCr_3(BO_3)_4$	—	$YSc_3(BO_3)_4$	2.45
$Gd^{3+}(1.11)$	$GdAl_3(BO_3)_4$	2.52	$GdGa_3(BO_3)_4$	—	$GdCr_3(BO_3)_4$	—	$GdSc_3(BO_3)_4$	2.39
$La^{3+}(1.15)$	$LaAl_3(BO_3)_4$	—	—	—	—	—	$LaSc_3(BO_3)_4$	2.26

在 Cr^{3+}：$RX_3(BO_3)_4$ 系列晶体中之所以存在"尺寸效应"现象，这是由于 Cr^{3+} 的 3d 电子没有外壳层电子的保护，Cr^{3+} 受晶格场的影响比较大。在不同的基质晶体中，由于所受到的晶体场影响的强度不同，其所表现的光谱性能也有较大的差别。在 $RX_3(BO_3)_4$ 系列化合物中，由于 Al – O、Ga – O、Sc – O 之间的键长逐渐增大，当 Cr^{3+} 替代 Al^{3+}，Ga^{3+} 和 Sc^{3+} 进入它们的格位时，Cr^{3+} 与配位氧离子之间的相互作用将逐渐减弱，使得基质晶场对 Cr^{3+} 的影响减弱。因而用 Sc^{3+} 作基质离子，与 Al^{3+}，Ga^{3+} 相比，将会为 Cr^{3+} 提供更弱的晶格场。

在掺 Cr^{3+} 的 $Al_2(WO_4)_3$，$Sc_2(WO_4)_3$ 和 $ZnWO_4$ 钨酸盐系列晶体中也存在着这种"尺寸效应"现象，图 4.29 所示为掺 Cr^{3+}：$Al_2(WO_4)_3$，Cr^{3+}：$Sc_2(WO_4)_3$ 和 Cr^{3+}：$ZnWO_4$ 钨酸盐晶体的荧光光谱图，从图 4.29 可以看出，随着 $Al^{3+}(0.55\ Å) \rightarrow Zn^{2+}(0.740\ Å) \rightarrow Sc^{3+}(0.83\ Å)$ 离子半径增大，晶场强度的逐渐减弱，它们的荧光峰值波长依次红移。虽然 Cr^{3+}：$ZnWO_4$ 晶体中的 $Zn^{2+}(0.740\ Å)$ 半径小于 Cr^{3+}：$Sc_2(WO_4)_3$ 晶体中的 $Sc^{3+}(0.83\ Å)$ 半径，但由于在 $ZnWO_4$ 晶体中掺 Cr^{3+} 离子后，Cr^{3+} 取代了 $ZnWO_4$ 晶体中四方扭曲的 ZnO_6 八面体中 Zn^{2+} 格位，低对称性位置导致了 Cr^{3+}：$ZnWO_4$ 晶体的晶场强度减弱，从而荧光峰值波长进一步红移。

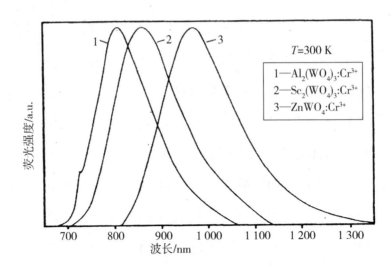

图 4.29　掺 Cr^{3+} 离子的 $Al_2(WO_4)_3$，$Sc_2(WO_4)_3$和 $ZnWO_4$

晶体的室温荧光光谱[56]

"尺寸效应"现象同样存在于掺 Cr^{3+} 的石榴石类可调谐激光晶体中。图 4.30 和表 4.5 所示分别为掺 Cr^{3+} 的石榴石类可调谐激光晶体的荧光光谱和光谱性能。对于 Cr^{3+}：YGG 和 Cr^{3+}：GGG 来说，由于 Gd^{3+} 的半径(1.11 Å)大于 Y^{3+} 的半径(0.95 Å)，致使 Cr^{3+}：GGG 的荧光峰值波长红移，D_q/B 的值与 YGG 相比降低 0.02。同样，对于 Cr^{3+}：YSGG，Cr^{3+}：GSGG 和 Cr^{3+}：LLGG 来说，第二金属离子半径依次增大：Y^{3+}(0.95 Å)→ Gd^{3+}(1.11 Å)→ La^{3+}(1.15Å)，它们的峰值波长依次红移，D_q/B 的值依次减小。在 Cr^{3+}：LLGG 晶体中 Lu^{3+} 半径(0.86 Å)大于 Cr^{3+}：YSGG 和 Cr^{3+}：GSGG 晶体中 Sc^{3+} 半径(0.83 Å)，致使它的 D_q/B 值进一步减弱至 2.07。"尺寸效应"现象的发现有助于有效进行新型可调谐激光晶体的探索。

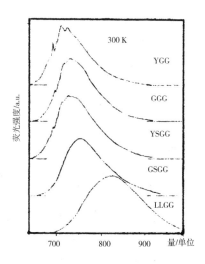

图4.30 掺 Cr^{3+} 的石榴石类激光晶体的荧光光谱

表4.5 掺 Cr^{3+} 的石榴石类激光晶体的光谱性能

基质晶体	YGG	GGG	GSAG	YSGG	GSGG	LLGG
荧光寿命/μs	241	159	150	139	115	68
$\Delta E/cm^{-1}$	650	380	–	350	50	$-1\,000$
B/cm^{-1}	656	645	–	650	658	651
D_q/B	2.30	2.28	–	2.27	2.20	2.07
$\sigma_e/10^{-20}cm^2$	0.36	0.6	–	0.6	0.8	1.6
峰值波长/nm	730	745	770	750	770	850

§4.5 氙灯泵浦 Cr^{3+}：$LaSc_3(BO_3)_4$
晶体的脉冲激光特性[13,48,49,58]

$\alpha - Cr^{3+}$：$LaSc_3(BO_3)_4$ 晶体在可见光区源于 $^4A_2 \rightarrow ^4T_1$ 和 $^4A_2 \rightarrow$

$^4T_2$能级跃迁的两个宽吸收带，吸收峰值位于 457 nm 和 654 nm 处，吸收跃迁截面为 $3.57 \times 10^{-20} cm^2$ 和 $4.3 \times 10^{-20} cm^2$，这种吸收特点适于半导体激光(LD)、闪光灯、染料激光和氩离子激光等多种泵浦方式。

$\alpha - Cr^{3+}$：$LaSc_3(BO_3)_4$ 晶体切割加工成为 $\phi 3.3 \times 11$ mm^3 的激光棒，侧面滚圆、两端抛成互相平行的光学镜面，如图 4.31 所示。Cr^{3+}：$LaSc_3(BO_3)_4$ 晶体的激光实验装置如图 4.32 所示。小型脉冲氙灯作为泵浦源，采用腔壁镀银的椭圆形聚光腔($2a = 10$ mm)，由全反射镜和输出镜组成平 – 平(或平 – 凹)谐振腔，其长度为 12 cm。全反射镜在 963 nm 处具有高反射率，输出镜在 963 nm 处具有不同的透过率，激光输出能量用 LPE – 1A 的激光功率/能量计测量。

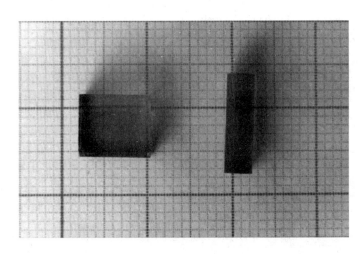

图 4.31　Cr^{3+}：$LaSc_3(BO_3)_4$晶体的激光片和激光棒

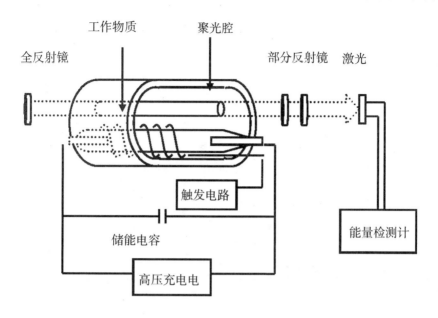

图 4.32　氙灯泵浦激光实验结构简图

　　在实验系统中，当输出端反射镜的透过率分别为 $T = 2.4\%$，3.3%，4.6%，5.8%，9.84% 时，用 $\phi 3.0 \times 22$ mm（脉宽约为 50 μm）的小型脉冲氙闪光灯激励 $\phi 3.3 \times 11$ mm^3 的 Cr^{3+}：LaSc$_3$(BO$_3$)$_4$ 激光棒，分别测出激光输出能量随氙闪光灯不同输入能量的变化规律。图 4.33 所示为有典型意义的在透过率为 3.3%，4.6%，5.8%，9.84% 时，激光输出能量与氙闪光灯输入能量的对应关系；图 4.34 所示为在透过率为 3.3% 时，激光输出能量与氙闪光灯输入能量的对应关系，当氙灯输入能量为 13.2 J 时，$\phi 3.3 \times 11$ mm^3 的 $\alpha - Cr^{3+}$：LaSc$_3$(BO$_3$)$_4$ 激光棒获得了 4.05 mJ 的输出，总效率为 $\eta_o = 0.036\%$，曲线的斜率效率为 $\eta_s = 0.042\%$。

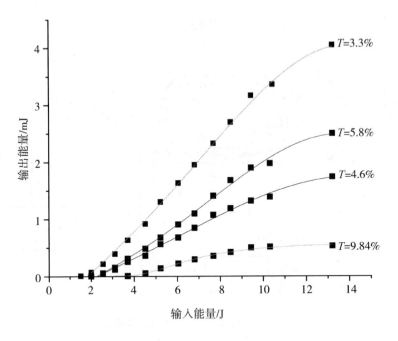

图 4.33 不同透过率情况下激光输出能量与氙灯输入能量的对应关系

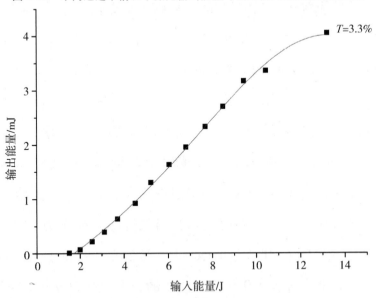

图 4.34 在透过率为 3.3 %时激光输出能量与氙灯输入能量的对应关系

在激光器中，当激活介质受激励时，一方面因发生受激辐射而获得光的放大；另一方面因存在介质损耗而产生光的衰减，两者之间有一个临界状态。当光的放大刚好补偿光的损耗时，这个能维持系统内激光振荡不停止的最低条件被称为激光阈值。

在脉冲氙灯泵浦状态下，采用平凹腔谐振方式，后反射镜的曲率半径为 $r = 337$ mm，对 963 nm 波长的反射率为 $R = 99.5\%$；输出镜为平面镜，对 963 nm 的激光波长透过率为 $T = 0.8\%$；谐振腔长为 $L = 12.0$ mm。当输入电容为 22.9 μf 时，测得晶体的激光阈值为

$$E_{\text{th}} = 1.21 \text{ J} \tag{4-9}$$

偏振度也是衡量激光器输出特性的重要参数之一。在通常情况下，激光器输出光束的偏振态是随机的，它对激光输出功率、光束方向的漂移及模式都有一定程度的影响。而在某些技术应用领域，诸如电光振幅调制器、电光 Q 开关和腔内倍频等则往往要求激光器运转在偏振状态。$\alpha - \text{Cr}^{3+} : \text{LaSc}_3(\text{BO}_3)_4$ 激光器输出的光路上插入一块带有旋转刻度盘（0 ~ 360 °）的偏振棱镜（LGP - 5），让激光通过偏振棱镜，用 LPE - 1A 激光能量计测量激光脉冲输出能量。用逐次渐近法测出最大输出能量 $E_{\text{max. out}}$（用 $P_{/\!/}$ 表示）和最小输出能量 $E_{\text{min. out}}$（用 $P_\perp$ 表示），那么激光束的偏振度 P_d 可以按下列定义式推算出来：

$$P_{\text{d}} = \frac{P_{/\!/} - P_\perp}{P_{/\!/} + P_\perp} \tag{4-10}$$

在输入电容为 $C = 46.5$ μf 的工作状态下，用脉冲氙灯泵浦，

测得 $P_{/\!/} = 1.161$ mJ，$P_{\perp} = 0.000$ mJ，激光偏振度为

$$P_{d} = \frac{1.161 - 0}{1.161 + 0} = 1 \qquad (4-11)$$

Cr^{3+}：$LaSc_3(BO_3)_4$ 晶体激光器输出为线性偏振光。

用透镜聚焦法初步测试了激光光束的发散度，透镜焦距 $f = 71.0$ mm，光束经聚焦，在光屏上打出了一列针尖大的光斑，线径为 $0.10 \sim 0.13$ mm，$D = 0.12$ mm，计算出光束的发散角为

$$\theta = \frac{D}{f} = \frac{0.12}{71.0} = 1.69 \text{ mrad} \qquad (4-12)$$

采用 $\phi 3.0 \times 22$ mm（脉宽约为 50 μm）的小型脉冲氙闪光灯激励 $\phi 3.3 \times 11$ mm^3 的 $\alpha - Cr^{3+}$：$LaSc_3(BO_3)_4$ 激光棒，当氙灯输入能量为 13.2 J 时，获得了 4.05 mJ 的输出，总效率为 $\eta_o = 0.036\%$，曲线的斜率效率为 $\eta_s = 0.042\%$，激光阈值为 1.21 J。

参考文献

［1］Ballman A A. New series of synthetic borates isostructural with carbonate mineral huntite ［J］. Amer. Mineral. , 1962, 47：1380 – 1384.

［2］Mills A D. Crystallographic data for new rare earth borate compounds $RX_3(BO_3)_4$［J］. Inorg. Chem. , 1(1962)960 – 964.

［3］Hong H H – P, Dwight K. Crystal structure and fluorescence lifetime of NdAl$_3$ (BO$_3$)$_4$ a promising laser material [J]. Mat. Res. Bull. , 1974 , 9: 1661 – 1666.

[4]Jarchow O, Lutz F, Klaska K H. Polymorphism and disorder of NdAl$_3$ (BO$_3$)$_4$ [J] . Zeitsch. Fur Kristall. [J] , 149 (1979) 162 – 164.

[5]Lutz F, Huber G. Phosphate and borate crystals for high optical gain[J]. J. Cryst. Growth, 1981, 52: 646 – 649.

[6] Belokoneva E L, Slmonov M A, Pashkova A V. Crystal structure of high temperature monoclinal modification of Nd, Al – borate, NdAl$_3$ (BO$_3$)$_4$ [J] . Dokl. Akad. Nauk SSSR, 1980, 255: 854 – 858.

[7]Belokonerva E L, Timchenko T I. Polytype relationships in borate structures with the general formula YAl$_3$ (BO$_3$)$_4$ and GdAl$_3$ (BO$_3$)$_4$[J]. Kristall. , 1983, 28: 1118 – 1123.

[8]Wang G F, He M Y, Luo Z D. Structure of β -NdAl$_3$ (BO$_3$)$_4$ (NAB) crystal[J]. Mat Res. Bull. , 1991, 26: 1085 – 1089.

[9] Kong H S, Zhang S Q, He C F. Relationship between the growth morphology and structure of the NdAl$_3$ (BO$_3$)$_4$ crystal [J]. Kexue Tongbao, 1984, 29: 765 – 767.

[10]Wang G F, He M Y, Chen W Z, Lin Z B, Lu S F, Wu Q J. Structure of low temperature phase γ – LaSc$_3$ (BO$_3$)$_4$ crystal [J]. Mat. Res. Innov. , 1999, 2: 341 – 344.

[11] He M Y, Wang G F, Lin Z B, Chen W Z, Lu S F, Wu Q J. Structure of medium temperature phase β – LaSc$_3$(BO$_3$)$_4$ crystal [J]. Mat. Res. Innov. , 1999, 2: 345 – 348.

[12] Goryunov A V, Kuzmicheva G M, Mukhin B V, Zharikov E V, Ageev A Y. An X – ray diffraction study of LaSc$_3$(BO$_3$)$_4$ crystals activated with chromium and neodymium ions [J]. Zh. Neorg. Khim. , 1996, 41: 1605 – 1611

[13] 龙西法. 可调谐激光晶体 钚 SymbolaA@ – Cr^{3+}: LaSc$_3$ (BO$_3$)$_4$ 的生长、光谱和激光性能研究 [D]. 北京: 中国科学院, 2003.

[14] Leonyuk N I. Solubility of YAl$_3$(BO$_3$)$_4$ in fused potassium trimolybdate and growth of crystals on a seed [J]. Inorg. Matter. , 1976, 12: 482 – 493.

[15] Akhmetov S F, Akhmetova G L, Kovalenko L V S, Leonyuk N I, Pashkova A V. . Thermal – decomposition of rare earth aluminum borates [J]. Kristal. , 1978, 23: 189 – 199.

[16] Azizov A V, Leonyuk N I, Timchenko T I, Belov A N V. Crystallization of yttrium aluminum borate from solution in melt on the base of potassium trimolybdate [J]. Kokl. Akad. Nauk SSSR, 1979, 246: 91 – 93.

[17] Neonyuk N I, Pashkova A V, Timchenko T I. Crystallization and some characteristics of (Y, Er) Al$_3$(BO$_3$)$_4$ [J].

Dokl. Akad. Nauk SSSR, 1979, 24: 1109 – 1112.

[18] Azizov A V, Leonyuk N I, Rezvyi V R, Timchenko T I, Belov A N V. Solubility and peculiarities of yttrium aluminum borate crystal growth[J]. Dokl. Akad. Nauk SSSR. 1982, 262: 1384 – 1386.

[19] Leonyuk N I, Pashkova A V, Gokhman L Z. Volatility of potassiumtrimolybdate melt and solubility of yttinum aluminum borate in it[J]. J. Cryst. Growth, 1976, 49: 141 – 144.

[20] Kolov V N, Peshev P. A new solvent for the growth of Y_{1-x} NdxAl$_3$(BO$_3$)$_4$ single – crystals from high – temperature solutions[J]. J Cryst. Growth, 1994, 144: 187 – 192.

[21] Neonyuk N I, Azizov A V, Belov N V. Experimental investigation of rare of yttrium aluminum borate crystal growth [J]. Dokl. Akad. NAUK SSSR, 1978, 240: 1344 – 1346.

[22] Leonyuk N I, Timchenco T I, Alshinsk L I. Growth condition and morphology of trivalent elements double borate crystals[J]. Acta Crystallog. A, 1978, 34: S212 – S213.

[23] Azizov A V, Leonyuk N I. The effect of supersaturation and temperature on the rare of growth of YAl$_3$(BO$_3$)$_4$ crystals from molten solution[J]. J. Cryst. Growth, 1981, 54: 296 – 298.

[24] Kellendonk F, Bkasse G. Luminescence and energy transfer in EuAl$_3$B$_4$O$_{12}$[J]. J. Chem. Phys. [J], 75(1981)511 – 571.

[25] Oishi S, Hashimoto I, Tate I. Growth of NdAl$_3$(BO$_3$)$_4$

crystals from high temperayture solution and choice of flux[J]. Nippon Kagaku Kaishl, 1984, 9: 1471 – 1472.

[26]Chani V I, Shimamura K, Inoue K, Fukuda T, Sugiyama K. Synthesis and search for equilibrium compositions of borates with the huntite structure[J]. J. Cryst. Growth, 1993, 132: 173 – 178.

[27] Jung S T, Choi D Y, Kaug J K, Chung S T. Top – seeded growth of Nd – YAl$_3$(BO$_3$)$_4$ from high – temperature solution[J]. J. Cryst. Growth, 1995, 148: 207 – 210.

[28] Jung S T, Kang J K, Chung S J. Crystal growth and X – ray topography of NdAl$_3$(BO$_3$)$_4$[J]. J. Cryst. Growth, 1995, 149: 207 – 214.

[29]Chinn S R, Hong H Y P. CW laser action in acentric NdAl$_3$(BO$_3$)$_4$ and KNdP$_4$O$_{12}$[J]. Opt. Comm. [J], 1975, 15: 345 –350.

[30]Chen C. Relationship between crystal growth, structure and spectral characteristics of NdAl$_3$(BO$_3$)$_4$ with order – disorder structure [J]. J. Cryst. Growth, 1988, 89: 295 – 300.

[31] Timchenko T I, Leonyuk N I, Butzuova G S. solubility of neodymium aluminum ortho – borate in the melt BaO 钑 SymbolWC@ 2Ba$_2$O$_3$[J]. Kristall. , 1980, 25: 895 – 896.

[32]Lutz F, Ieiss M, Muller J. Epitaxy of NdAl$_3$(BO$_3$)$_4$for thin-film miniature lasers[J]. J. Cryst. Growth[J], 47(1979)130 – 132.

[33] Lutz F, Ruppel D, Leiss M. Epitaxial layers of the laser

material Nd(Ga, Cr)$_3$(BO$_3$)$_4$[J]. J. Cryst. Growth[J], 1980, 48:
41 - 44.

[34]Kong Hh, Zhang S Q, He C F. study on the crystallization
and viscosity of the BaO - B$_2$O$_3$ - NdAl$_3$(BO$_3$)$_4$ pseudo - ternary sys-
tem[J]. Kexue Tongbao, 1983, 18: 1568 - 1569.

[35]Elwell D, Scheel H J. Crystal Growth from High Tempera-
ture Solutions[M]. New York: Academic Press, 1974: 86 - 107.

[36] Wang G F, Gallagher H G, Han T P, Henderson
B. Crystal growth and optical characterization of Cr^{3+} - doped YAL$_3$
(BO$_3$)$_4$[J]. J. Cryst. Growth, 1995, 153: 169 - 174.

[37] Liao J S, Lin Y F Chen Y J. Growth and spectral properties
of Yb^{3+}: GdAl$_3$(BO$_3$)$_4$ single crystal[J]. J. Cryst. Growth, 2004,
269: 484 - 488.

[38]Meyu J P, Jensen T, Huber G. Spectroscopic properties and
efficient diode pumped laser operation of neodymium doped lanthanum
scandium borate[J]. IEEE J. Quan. Elect. , 1994, 30: 913 - 917.

[39]Liao J S, Lin Y F, Chen Y J, Luo Z D, Huang Y D. Flux
growth and spectral properties of Yb: YAB single crystal with high
Yb^{3+} concentration[J]. J. Cryst. Growth, 2004, 267: 134 - 139.

[40] JIANGH D, LI J, WANG J Y, HU X B, LIU H, TENG
B, ZHANG C, DEKKER P, WANG P, Growth of Yb^{3+}: YAl$_3$
(BO$_3$)$_4$ crystal and their optical and self - frequency - doubling prop-

erties[J]. J. Cryst. Growth, 2001, 233: 248 – 251.

[41] Li J, Wang J Y, Tan H, Zhang H J, Song F, Zhao S R, Zhang J X , Wang X X. Growth and optical properties of ErYbLYAL$_3$ (O$_3$)$_4$ crystal[J]. Mater. Res. Bull. , 2004, 39: 1329 – 1334.

[42] 王璞, 范晓峰, 卓壮, 潘恒富, 陆宝生. Cr^{3+}: YAl$_3$ (BO$_3$)$_4$晶体生长和光谱性质的研究[J], 人工晶体学报, 1996, 25: 6 – 9.

[43] Wang G F. Growth and optical characterization of Cr^{3+}, Ti^{3+} and Nd^{3+} doped RX$_3$ (BO$_3$)$_4$ borate crystals[D]. UK: University of Strathclyde, 1996.

[44] Wang G F, Gallagher H G, Han T P J, Henderson B. The growth and optical assessment of Cr^{3+} – doped RX(BO$_3$)$_4$ crystals with R = Y, Gd; X = Al, Sc [J] . J. Cryst. Growth, 1996, 163: 272 – 278.

[45] Long X F, Wang G F, Han T P J. Growth and spectroscopic properties of Cr^{3+} – doped LaSc$_3$ (BO$_3$)$_4$[J]. J. Cryst. Growth, 2003, 249: 191 – 194.

[46] Wang G F, Han T P J, Gallagher H G, Henderson B. Crystal growth and optical properties of Ti^{3+}: YAl$_3$ (BO$_3$)$_4$ and Ti^{3+}: GdAl$_3$(BO$_3$)$_4$[J]. J. Cryst. Growth, 1997, 181: 48 – 54.

[47] Wang G F, Lin Z B, Hu Z S, Han T P J, Gallagher H G, Wells J – P R. Crystal growth and optical assessment of Nd^{3+}: GdAl$_3$

(BO_3)$_4$ crystal[J] J. Cryst. Growth, 2001, 233: 755 – 760.

[48] Long X F, Lin Z B, Hu Z S, Wang G F, Han T P J. Optical study of Cr^{3+} – doped $LaSc_3$ (BO_3)$_4$ crystal [J]. J. Alloys Compd, 2002, 347: 52 – 54.

[49] Long X F, Lin Z B, Hu Z S, Wang G F. Polarized spectral characterisitics and energy levels of Cr^{3+} : $LaSc_3$ (BO_3)$_4$ crystal [J]. Chem. Phys. Lett. , 2004, 392: 192 – 195.

[50] Wang G F, Han T P J, Gallagher H G, Henserson B. Novel laser gain media based on Cr^{3+} – doped mixed borates RX_3 (BO_3)$_4$[J]. Appl. Phys. Lett. , 1995, 67: 3906 – 3908.

[51] Meyu J P, Jensen T, Huber G. Spectroscopic properties and efficient dio – pumped laser operation of neodymium – doped lanthanum scandium borate[J]. IEEE J. Quan. Elect. , 1994, 30: 913 – 917.

[52] Kenyon P T, Andrews L, Mccollum B, Lempicki A. Tunable infrared solid – state laser materials based on Cr^{3+} in low ligand – fields [J] . IEEE. J. Quan. Elec [J] . , 1982, QE – 18: 1189 – 1197.

[53] Struve B , Huber G. The effect of the crystal field strength on the optical spectra of Cr^{3+} in gallium garnet laser crystals [J]. Appl. Phys. B, 1985, 36: 195 – 201.

[54] Wang G F. Structure – Property Relationships in Non – Linear Optical Crystal I[M]. ed. by WU X – T, CHEN L, Berlin: Spring-

er, 2012, p105 – 120.

[55] Wang G F. Research Progress in Materials Science [M],
Ed. by OLSSON W, LINDBERG F, New York: Nova Science Pub-
lishers, Inc. 2009, p1 – 24.

[56] Petermann K, Mitzscherlich P. Spectroscopic and laser
properties of Cr^{3+} – doped $Al_2(WO_4)_3$ and $Sc_2(WO_4)_3$ [J]. IEEE
J. Quan. Elect. , 1987, 23: 1122 – 1126.

第5章 掺 Cr^{3+} 的钼酸盐可调
谐激光晶体材料

双金属钼酸盐 $M^I M^{III}(MoO_4)_2$（其中 $M^I = Li^+$，Na^+，K^+，Rb^+，Cs^+，$M^{III} = Al^{3+}$，In^{3+}，Sc^{3+}）系列化合物中具有 AlO_6 八面体配位，晶体中 Al^{3+} 半径（0.55 Å）和 Cr^{3+} 半径（0.65 Å）相近，有利于掺 Cr^{3+} 进入晶格中。钼酸盐晶体中 Mo^{6+} 的价态高，离子半径小，原子量比较大，具有很强的极化作用。强极化作用导致 Cr^{3+} 在钼酸盐晶体中有很强的电声子耦合跃迁，从而出现较大的斯托克斯（Stokes）位移。Cr^{3+} 掺杂的钼酸盐在室温下具有较宽的发射谱带，是一类新型的、潜在的可调谐激光晶体基质材料。本章介绍掺 Cr^{3+} 的钼酸盐晶体的结构、生长和光谱特性。

§5.1　钼酸盐晶体结构特性[1-7]

5.1.1　MAl(MoO₄)₂(M = K⁺, Rb⁺, Cs⁺)晶体结构

$KAl(MoO_4)_2$ 和 $CsAl(MoO_4)_2$ 结构由 AlO_6 八面体和 MoO_4 四面体通过共顶点的 O^{2-} 连接而形成 $[AlMo_2O_8^-]_n$ 层，$[AlMo_2O_8^-]_n$ 层垂直于三次轴 c 轴。K^+ 和 Cs^+ 被夹在两个 $[AlMo_2O_8^-]_n$ 层中间，如图 5.1 和 5.2 所示。由于两个 $[AlMo_2O_8^-]_n$ 层是通过 K^+ 和 Cs^+ 的离子键连在一起，结合力比较弱，晶体容易沿(001)面解理。$RbAl(MoO_4)_2$ 晶体与 $KAl(MoO_4)_2$ 和 $CsAl(MoO_4)_2$ 是异质同构体，同属三方晶系，空间群 $P\bar{3}m1$，也容易沿(001)面解理。由于 Al^{3+} 半径(0.55 Å)和 Cr^{3+} 半径(0.65 Å)非常相近，有利于掺 Cr^{3+} 替代晶体中 Al^{3+} 格子位置，进入 AlO_6 八面体配位的晶格中。

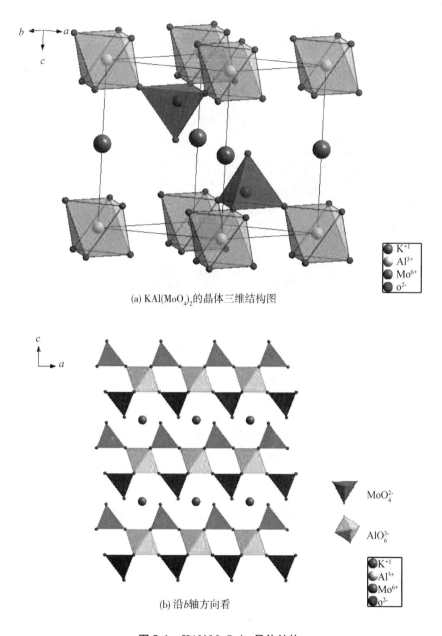

(a) KAl(MoO$_4$)$_2$的晶体三维结构图

(b) 沿b轴方向看

图5.1 KAl(MoO$_4$)$_2$晶体结构

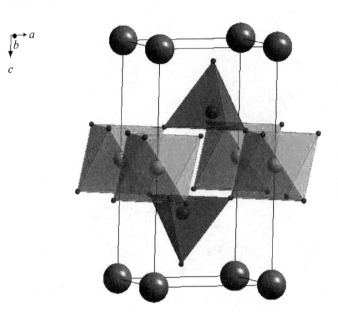

(a) CsAl(MoO$_4$)$_2$的晶体三维结构图

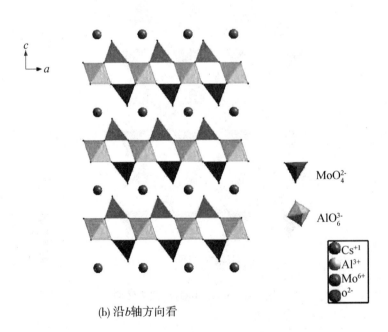

(b) 沿b轴方向看

图5.2　CsAl(MoO$_4$)$_2$晶体结构

5.1.2 Sc$_2$(MoO$_4$)$_3$晶体结构

Sc$_2$(MoO$_4$)$_3$晶体属正交晶系，空间群 $Pbcn$，晶胞参数：$a =$ 13.242(2) Å，$b = 9.544(2)$ Å，$c = 9.637(2)$ Å，$\alpha = \beta = \gamma = 90^0$，$Z = 4$，$V = 1\,217.94(40)$ Å^3。Sc$_2$(MoO$_4$)$_3$的晶体结构由 MoO$_4$四面体和 ScO$_6$八面体构成，如图5.3所示。由于 Cr^{3+}半径(0.65 Å)小于 Sc^{3+}半径(0.83 Å)，Cr^{3+}容易掺入晶体中，替代 ScO$_6$八面体中的 Sc^{3+}，进入 ScO$_6$八面体中的格子位置。

MoO$_4^{2-}$

AlO$_6^{3-}$

图 5.3　Sc$_2$(MoO$_4$)$_3$晶体的晶体结构(沿 b 方向看)

5.1.3　$K_{0.6}(Mg_{0.3}Sc_{0.7})_2(MoO_4)_3$晶体结构

$K_{0.6}(Mg_{0.3}Sc_{0.7})_2(MoO_4)_3$晶体属正交晶系，$R\overline{3}c$空间群，晶胞参数：$a = 9.4300$ Å，$c = 24.337$ Å，$Z = 6$。$K_{0.6}(Mg_{0.3}Sc_{0.7})_2$ $(MoO_4)_3$晶体结构由Mg/ScO_6畸变八面体和MoO_4四面体组成，晶体具有高度无序结构，Mg^{2+}和Sc^{3+}以$3:7$统计分布比例的形式占据Mg/ScO_6八面体中同一格位，每个Mg/ScO_6八面体与六个MoO_4四面体共享六个角，如图5.4和图5.5所示。作为掺Cr^{3+}的激光晶体材料，Cr^{3+}占据ScO_6八面体中Sc^{3+}格位，在激光晶体材料中晶体的无序结构将导致吸收光谱和荧光光谱展宽。

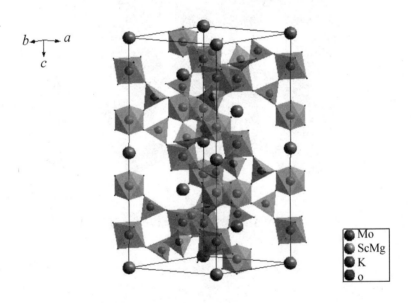

图5.4　$K_{0.6}(Mg_{0.3}Sc_{0.7})_2(MoO_4)_3$晶体三维结构图

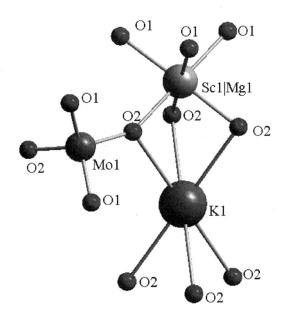

图 5.5　晶体中 K，Sc，Mo 和 Mg 原子的配位环境

§5.2　掺 Cr^{3+} 的钼酸盐晶体生长[3-5,7-20]

5.2.1　助熔剂的选择

由于一些钼酸盐是非同成分融化化合物，必须采用助熔剂法生长晶体，$K_2Mo_2O_7$，$Na_2Mo_2O_7$ 和 $K_2Mo_3O_{10}$ 等化合物常作为自助熔剂生长钼酸盐晶体。研究 $K_2Mo_3O_{10} - KAl(MoO_4)_2$ 赝二元系相图结果表明(见图 5.6)，$K_2Mo_3O_{10}$适合作为助熔剂生长非同成分融化的 $MAl(MoO_4)_2$($M = K^+$，Rb^+，Cs^+)晶体。

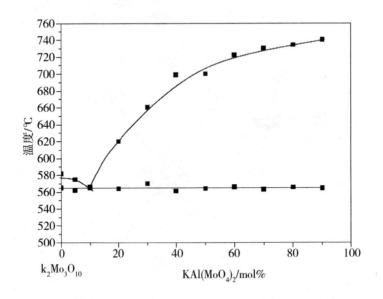

图 5.6　$K_2Mo_3O_{10}$ – $KAl(MoO_4)_2$赝二元系相图

5.2.2　晶体生长

5.2.2.1　Cr^{3+}:$MAl(MoO_4)_2$($M = K^+$，Rb^+，Cs^+)晶体生长

根据 $K_2Mo_3O_{10}$ – $KAl(MoO_4)_2$赝二元系相图(见图 5.6)，助熔剂总的浓度控制在 60 ~ 80 at%，采用顶部籽晶助熔剂法生长 Cr^{3+}：$KAl(MoO_4)_2$，生长温度在 650 ~ 570 ℃，降温速率为 1 ~ 5 ℃/d，晶体转速为 5 ~ 30 r/min。利用[010]方向的籽晶生长出尺寸为 45 × 40 × 13 mm³ 的 Cr^{3+}：$KAl(MoO_4)_2$(Cr^{3+} = 1.1 at. %)

的晶体，如图5.7所示。

(a)生长出的晶体　　　　　　　(b)切割的晶体样品

图 5.7　Cr^{3+}：$KAl(MoO_4)_2$ 晶体

借鉴 $K_2Mo_3O_{10}$ – $KAl(MoO_4)_2$ 赝二元系相，采用 66.7 mol% 的 $Rb_2Mo_3O_{10}$ 作为助熔剂生长出 Cr^{3+}：$RbAl(MoO_4)_2$ 晶体，晶体尺寸为 $40 \times 30 \times 20$ mm^3，如图 5.8 所示。采用 70 mol% 的 $Cs_2Mo_3O_{10}$ 为助熔剂生长出 Cr^{3+}：$CsAl(MoO_4)_2$ 晶体，晶体尺寸为 $40 \times 35 \times 20$ mm^3，如图 5.9 所示。

 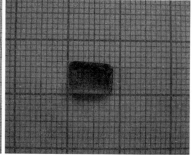

(a)生长出的晶体　　　　　　　(b)切割的晶体样品

图 5.8　Cr^{3+}：$RbAl(MoO_4)_2$ 晶体

图 5.9 Cr^{3+}：$CsAl(MoO_4)_2$晶体（图左上角为切割出的晶体样品）

5.2.2.2　Cr^{3+}：$K_{0.6}(Mg_{0.3}Sc_{0.7})_2(MoO_4)_3$晶体生长

采用顶部籽晶助熔剂法生长 Cr^{3+}：$K_{0.6}(Mg_{0.3}Sc_{0.7})_2(MoO_4)_3$ 晶体，以 $K_2Mo_3O_{10}$ 为助熔剂，$K_{0.6}(Mg_{0.3}Sc_{0.7})_2(MoO_4)_3$ 与 $K_2Mo_3O_{10}$ 的比率为 1∶2 摩尔比，原料加热至 850 ℃后恒温 2 d，让溶液完全熔化。精确测量好溶液的饱和温度后，以 1 ~ 2 ℃/d 的降温速率和 5 ~ 30 r/min 的晶体转速生长，生长出尺寸为 27 × 26 ×8 mm^3 的 Cr^{3+}：$K_{0.6}(Mg_{0.3}Sc_{0.7})_2(MoO_4)_3$ 的晶体，如图 5.10 所示。

图 5.10 Cr^{3+}：$K_{0.6}(Mg_{0.3}Sc_{0.7})_2(MoO_4)_3$晶体

5.2.2.3 Cr^{3+}：$Na_2Mg_5(Mo_4)_6$晶体生长

$Na_2Mg_5(Mo_4)_6$晶体属三斜晶系，$P\bar{1}$空间群，单胞参数：$a = 10.575$ Å，$b = 8.617$ Å，$c = 6.951$ Å，$\alpha = 103.42°$，$\beta = 102.67°$，$\gamma = 112.37°$。在$Na_2Mg_5(MoO_4)_6$晶体中MoO_4四面体通过与Na/MgO_6八面体共边链接形成三维结构，Na^+和Mg^{2+}以统计分布形式占据Na/MgO_6八面体中格位。以$Na_2Mo_2O_7$为助熔剂，采用顶部籽晶助熔剂法生长$Na_2Mg_5(Mo_4)_6$晶体，溶液中$Na_2Mg_5(Mo_4)_6$与$Na_2Mo_2O_7$比例为1：2摩尔比，以1 ℃/d的降温速率和和12 rpm的转速生长，从饱和点温度870 ℃生长至840 ℃，生长出尺寸为$20 \times 20 \times 7$ mm^3的Cr^{3+}：$Na_2Mg_5(Mo_4)_6$晶体，如图5.11所示。

图 5.11　Cr^{3+} : $Na_2Mg_5(Mo_4)_6$ 晶体

§5.3　掺 Cr^{3+} 的钼酸盐晶体光谱特性[4,7,8,21−26]

5.3.1　Cr^{3+} : $KAl(MoO_4)_2$ 晶体的光谱特性

Cr^{3+} : $KAl(MoO_4)_2$ 晶体的室温偏振吸收光谱如图 5.12 所示。偏振吸收光谱的主要特征为来自自旋允许而宇称禁戒的 $^4A_2 \rightarrow {}^4T_1$ 和 $^4A_2 \rightarrow {}^4T_2$ 能级跃迁的两个宽的吸收带，其吸收范围为 400 ~ 570 nm 和 570 ~ 800 nm。Cr^{3+} : $KAl(MoO_4)_2$ 晶体具有强烈的偏振

特性，σ - 偏振的跃迁强度约为 π - 偏振的 1.6 倍。在 KAl $(MoO_4)_2$ 晶体中 AlO_6 为畸变的八面体，Cr^{3+} 的掺入导致进一步畸变，$3d^3$ 能级与 T_{2u} 对称的 CrO_6 八面体奇宇称畸变相耦合导致 σ - 偏振和 π - 偏振跃迁强度不同。在图中 Cr^{3+} 的自旋禁戒跃迁 $^4A_2 \rightarrow$ ^2E 的 R - 线不明显。σ - 偏振的 $^4A_2 \rightarrow ^4T_1$ 和 $^4A_2 \rightarrow ^4T_2$ 吸收带的峰值分别为 480 nm 和 669 nm，吸收跃迁截面分别为 $8.44 \times 10^{-20} cm^2$ 和 $3.72 \times 10^{-20} cm^2$。

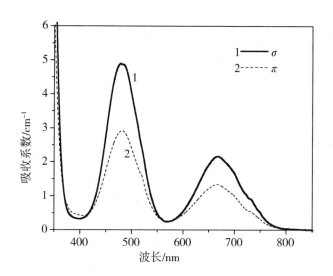

图 5.12　Cr^{3+}：$KAl(MoO_4)_2$ 晶体的室温偏振吸收光谱

在室温下 Cr^{3+}：$KAl(MoO_4)_2$ 晶体的偏振荧光谱如图 5.13 所示，偏振荧光谱的显著特征是一个发射范围在 700 ～ 1 100 nm 的宽发射谱带，峰值位于 823 nm(σ - 偏振) 和 822 nm(π - 偏振)。该发射峰对应 Cr^{3+} 的 $^4T_2 \rightarrow ^4A_2$ 跃迁。荧光谱也显示出较强的偏振特性，σ - 偏振的发射强度明显强于 π - 偏振。它的荧光寿命为

33 μs，发射截面分别为 2.74×10^{-20} cm^2（σ - 偏振）和 2.93×10^{-20} cm^2（π - 偏振）。

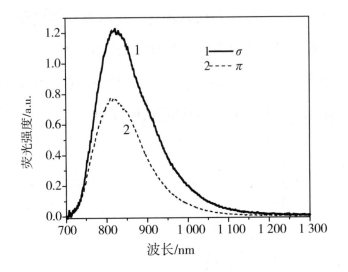

图 5. 13   Cr^{3+}：KAl(MoO$_4$)$_2$晶体的室温偏振荧光光谱

5.3.2   Cr^{3+}：RbAl(MoO$_4$)$_2$晶体的光谱特性

Cr^{3+}：RbAl(MoO$_4$)$_2$晶体的室温偏振吸收光谱如图 5.14 所示。偏振吸收光谱的主要特征为来自自旋允许而宇称禁戒的^{4}A$_2 \to$ ^{4}T$_1$和^{4}A$_2 \to$ ^{4}T$_2$能级跃迁的两个宽吸收带，其吸收范围为 400 ~ 570 nm 和 570 ~ 800 nm。Cr^{3+}：RbAl(MoO$_4$)$_2$表现出强烈的偏振特性，σ - 偏振的跃迁强度约为 π - 偏振的 1.58 倍。在 Cr^{3+}：RbAl(MoO$_4$)$_2$晶体中，667 nm 左右处吸收峰的半峰宽（FWHM）为 114 nm（σ - 偏振）和 112 nm（π - 偏振）。

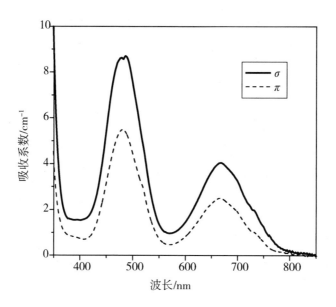

图 5.14 Cr^{3+}: $RbAl(MoO_4)_2$ 晶体的室温偏振吸收光谱

Cr^{3+}: $RbAl(MoO_4)_2$ 的室温偏振荧光谱如图 5.15 所示。它们的偏振荧光谱的显著特征是一个发射范围在 700 ~ 1 200 nm 的宽发射谱带，峰值位于 822 nm 左右。该发射峰对应 Cr^{3+} 的 $^4T_2 \rightarrow ^4A_2$ 跃迁。荧光谱显示出较强的偏振特性。σ – 偏振的发射强度明显强于 π – 偏振。荧光寿命 τ_f 为 25. 7 μs。

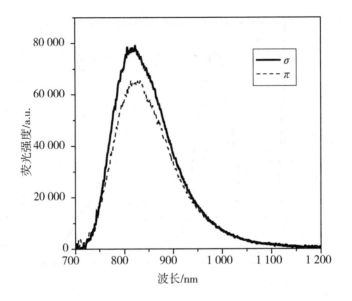

图 5.15　Cr^{3+}：$RbAl(MoO_4)_2$晶体的室温偏振荧光光谱

5.3.3　Cr^{3+}：$CsAl(MoO_4)_2$晶体的光谱特性

　　Cr^{3+}：$CsAl(MoO_4)_2$晶体的室温偏振吸收光谱如图5.16所示。偏振吸收光谱的主要特征为来自自旋允许而宇称禁戒的$^4A_2 \rightarrow {}^4T_1$和$^4A_2 \rightarrow {}^4T_2$能级跃迁的两个宽吸收带，其吸收范围为400～570 nm和570～800 nm。Cr^{3+}：$CsAl(MoO_4)_2$晶体也表现出强烈的偏振特性，σ－偏振的跃迁强度约为π－偏振的 1.5 倍。在 Cr^{3+}：$CsAl(MoO_4)_2$晶体中，667 nm 左右处吸收峰的半峰宽（FWHM）为102 nm（σ－偏振）和 103 nm（π－偏振）。

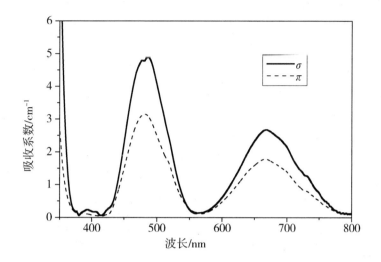

图 5.16　Cr^{3+}：CsAl(MoO$_4$)$_2$晶体的室温偏振吸收光谱

Cr^{3+}：CsAl(MoO$_4$)$_2$晶体的室温偏振荧光光谱如图 5.17 所示。它们的偏振荧光光谱的显著特征是一个发射范围在 700 ~ 1 200 nm 的宽发射谱带，峰值位于 822 nm 左右。该发射峰对应 Cr^{3+}的^{4}T$_2$→^{4}A$_2$跃迁，荧光谱显示出较强的偏振特性。σ - 偏振的发射强度明显强于π - 偏振。荧光寿命 τ_f 为 21 μs。

总之，掺 Cr^{3+} 的 MAl(MoO$_4$)$_2$(M = K$^+$，Rb$^+$，Cs$^+$) 晶体的 ^{4}A$_2$→^{4}T$_1$能级跃迁具有宽的吸收峰宽（FWHM）和大的吸收系数，可以用 488 nm 氩离子激光进行激发。峰值为 668 nm 左右的^{4}A$_2$→ ^{4}T$_2$能级跃迁吸收带能够与商业化激光二极管 AlGaInP 发射波长 (670 ~ 690 nm) 较好地匹配。

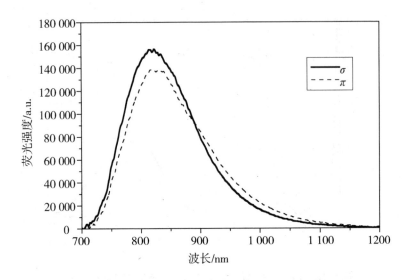

图 5.17 Cr^{3+}: CsAl(MoO$_4$)$_2$晶体的室温偏振荧光光谱

5.3.4 Cr^{3+}: Sc$_2$(MoO$_4$)$_3$晶体的光谱特性

Cr^{3+}: Sc$_2$(MoO$_4$)$_3$晶体的室温吸收谱如图 5.18 所示，Cr^{3+4}A$_2$→^{4}T$_1$和^{4}A$_2$→^{4}T$_2$能级跃迁的两个宽的吸收带，其吸收范围分别为 420～600 nm 和 600～900 nm，峰值分别位于 499 nm 和 709 nm 处，吸收带峰值的吸收跃迁截面为 3.76×10^{-19} cm^2 和 3.21×10^{-19} cm^2。^{4}A$_2$→^{4}T$_2$跃迁的吸收带能够与商业化激光二极管 AlGaInP 发射波长(670～690 nm) 较好地匹配。^{4}A$_2$→^{4}T$_2$能级跃迁的宽带上在峰值 709 nm 左右出现了两个小凹谷。这一特征可以用法佬(Fano)反共振原理进行解释：当锐线能级(^{2}T$_1$,^{2}E 能级)与宽带能级(^{4}T$_2$能级)相重叠时，由于两者的能级是简并的，通过自旋轨道相互作用形成反共振线型的小谷,这是弱晶场的特征表现之一。这种现象也发生在掺 Cr^{3+} 的 $ScBO_3$, $KZnF_3$, $SrAlF_5$, $Sc_2(WO_4)_3$, $La_3Ga_{5.5}Ta_{0.5}O_{14}$ 和 $LaSc_3(BO_3)_4$ 等晶体中。它的 $^4A_2 \rightarrow {}^2T_1$ 和 $^4A_2 \rightarrow {}^2E(R$ 线$)$ 能级跃迁对应的波长分别为 694.8 nm 和 732.2 nm。

从其吸收光谱可以看出,该晶体适合 LD 泵浦方式。$^4A_2 \rightarrow {}^4T_2$ 跃迁在 670~690 nm 具有较大的吸收系数,能够与商业化激光二极管 AlGaInP 发射波长(670~690 nm)较好地匹配。由于激光二极管 AlGaInP 发射波长随温度变化率约为 0.2~0.3 nm/℃,那么 AlGaInP 激光二极管在工作状态下,其温度将不断上升,发射波长将发生位移,无法与吸收峰很好地匹配,结果就降低了对泵浦光能量的吸收利用。因此必须采用相关的制冷设备严格控制 LD 温度的变化。然而在 Cr^{3+}:$Sc_2(MoO_4)_3$ 晶体中,680 nm 左右具有宽的吸收带,这样宽的吸收带不仅有利于激光晶体对泵浦光的吸收,而且放松了对泵浦源 LD 温度控制的要求,这对于激光二极管泵浦是非常有利的。

Cr^{3+}:$Sc_2(MoO_4)_3$ 晶体的荧光光谱 $^4T_2 \rightarrow {}^4A_2$ 能级跃迁的 750~1 250 nm 的宽带发射,其半峰宽为 176 nm,峰值为 880 nm(见图 5.19)。它的荧光寿命 τ_f 为 0.20 μs。在 880 nm 处的发射跃迁截面 σ_e 为 $3.75 \times 10^{-18} cm^2$。

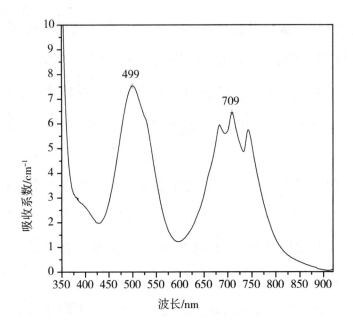

图 5.18　Cr^{3+}：Sc$_2$(MoO$_4$)$_3$晶体的室温吸收光谱

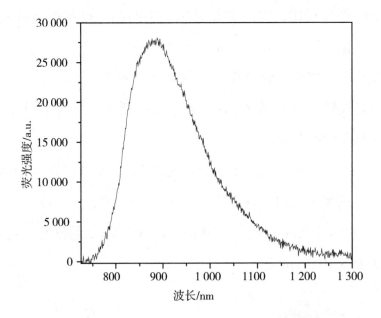

图 5.19　Cr^{3+}：Sc$_2$(MoO$_4$)$_3$晶体的室温荧光光谱

5.3.5 Cr^{3+}:$K_{0.6}(Mg_{0.3}Sc_{0.7})_2(MoO_4)_3$晶体的光谱特性

Cr^{3+}:$K_{0.6}(Mg_{0.3}Sc_{0.7})_2(MoO_4)_3$晶体的室温吸收光谱展示出两个宽带吸收带(见图5.20),分别对应于Cr^{3+} $^4A_2 \rightarrow {}^4T_1$和$^4A_2 \rightarrow {}^4T_2$两个能级跃迁,吸收波长范围分别为440~600 nm和600~800 nm,对应的峰值位于489 nm和705 nm处,吸收带峰值的吸收跃迁截面为:1.31×10^{-19}cm^{2}和31.06×10^{-19}cm^2。作为弱晶场的特征表现之一,$^4A_2 \rightarrow {}^4T_2$能级跃迁的宽带上在峰值705 nm左右出现了两个小凹谷,这是由锐线能级($^2T_1$,^2E能级)与宽带能级($^4T_2$能级)相重叠时,通过自旋轨道相互作用形成典型法偌(Fano)反共振线型的小谷。$^2T_1$和$^4A_2 \rightarrow {}^2E$(R线)能级跃迁对应的波长分别为694.8 nm和732.2 nm。

Cr^{3+}:$K_{0.6}(Mg_{0.3}Sc_{0.7})_2(MoO_4)_3$晶体荧光光谱展示出唯一的$^4T_2 \rightarrow {}^4A_2$能级跃迁的宽带发射,波长覆盖了从730 nm到1 280 nm的范围,其半峰宽为189 nm,峰值波长为870 nm(见图5.21)。它的荧光寿命τ_f为10 μs。在870 nm处的发射跃迁截面σ_e为8.46×10^{-20}cm^2。

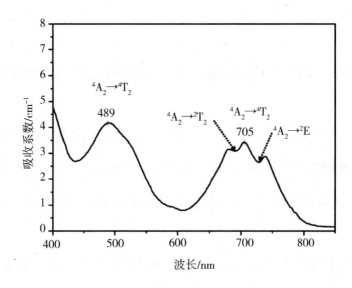

图 5.20　Cr^{3+}：$K_{0.6}(Mg_{0.3}Sc_{0.7})_2(MoO_4)_3$晶体的室温吸收光谱

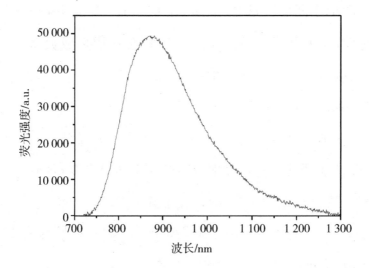

图 5.21　Cr^{3+}：$K_{0.6}(Mg_{0.3}Sc_{0.7})_2(MoO_4)_3$晶体的室温荧光光谱

5.3.6　Cr^{3+}：$Na_2Mg_5(Mo_4)_6$晶体光谱特性

图 5.22 所示为 Cr^{3+}：$Na_2Mg_5(Mo_4)_6$ 晶体的室温吸收光谱，它展示出典型的法偌（Fano）反共振线型的宽吸收带。在 $^4A_2\rightarrow{}^4T_2$ 能级跃迁的宽带上 687 nm 和 721 nm 小凹处源于 $^2T_1$ 和 $^4A_2\rightarrow$ ^2E（R 线）能级跃迁。$^4A_2\rightarrow{}^4T_1$ 能级跃迁在 507 nm 的吸收跃迁截面为 $6.92\times10^{-20}cm^2$，$^4A_2\rightarrow{}^4T_2$ 能级跃迁在 736 nm 的吸收跃迁截面为 $11.51\times10^{-20}cm^2$。

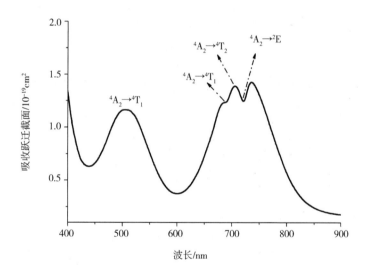

图 5.22　Cr^{3+}：$Na_2Mg_5(Mo_4)_6$晶体的室温吸收光谱

在室温和 10 K 温度下 Cr^{3+}：$Na_2Mg_5(Mo_4)_6$ 晶体的荧光光谱都展现出宽带发射，波长覆盖了从 780 nm 到 1 280 nm 的范围，其半峰宽为 192 nm，峰值波长为 914 nm，如图 5.23 所示。它的荧光寿命 τ_f 为 6.9 μs。在 914 nm 处的发射跃迁截面 σ_e 为 $18.2 \times 10^{-20} cm^2$。

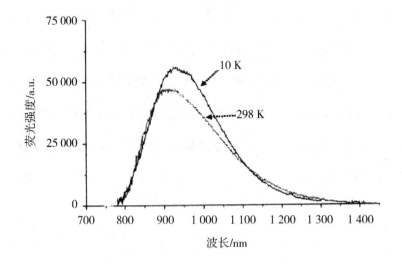

图 5.23 在 298 K 和 10 K 温度下 Cr^{3+}：$Na_2Mg_5(Mo_4)_6$ 晶体的荧光光谱

5.3.7 低温吸收光谱和荧光光谱特性

Cr^{3+}：$KAl(MoO_4)_2$ 晶体在 12 K 低温时，在 479.3 nm 和 660.4 nm 处存在着两个明显的 $^4A_2 \rightarrow {}^4T_1$ 和 $^4A_2 \rightarrow {}^4T_2$ 能级跃迁的吸收峰。零声子线位于 740 nm(R_1) 和 738 nm(R_2)，如图 5.24 所示。在 12 K 下的荧光谱和吸收谱的 R_1 和 R_2 线较好地重合在同样的峰位(见图 5.25)，说明 $^2E \rightarrow {}^4A_2$ 的跃迁是与晶格振动无关的。12 K 下晶体的荧光谱不是一个宽带，反映出 Cr^{3+} 占据了中间或偏强场

位置。R_1 和 R_2 线是由于 ^2E 能级发生劈裂产生的，并且伴随强的振动边带。在 12 K 下，R_1 和 R_2 之间的能级劈裂为 36.6 cm^{-1}，这意味着 CrO$_6$ 八面体出现了较大的扭曲。

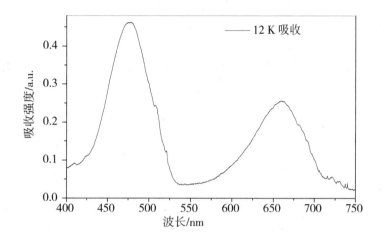

图 5.24　在 12 K 温度下 Cr^{3+}：KAl(MoO$_4$)$_2$ 晶体的吸收光谱

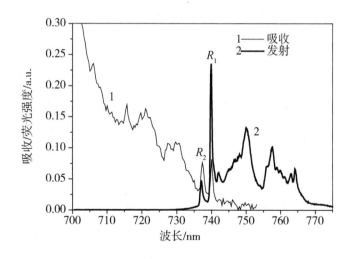

图 5.25　在 12 K 温度下 Cr^{3+}：KAl(MoO$_4$)$_2$ 晶体的吸收光谱与荧光光谱

　　图 5.26 和图 5.27 所示为 Cr^{3+}：$RbAl(MoO_4)_2$ 和 Cr^{3+}：$CsAl(MoO_4)_2$ 晶体在 77 K 下的荧光光谱，可以观察到它们零声子 R_1 线位于 740.1 nm 和 737.25 nm，R_2 线均未观察到。在 77 K 时，Cr^{3+}：$RbAl(MoO_4)_2$ 和 Cr^{3+}：$CsAl(MoO_4)_2$ 晶体没有发生相变，仍保持室温下的结构类型，Cr^{3+} 离子在晶体中只有一种占位方式，因此只能观察到 R_1 线。

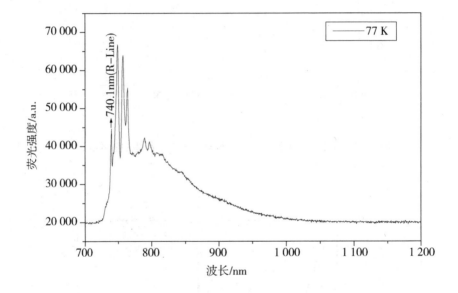

图 5.26　在 77 K 温度下 Cr^{3+}：$RbAl(MoO_4)_2$ 晶体的荧光光谱

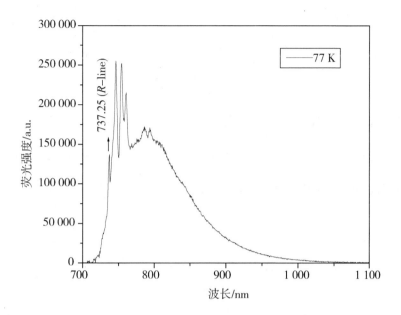

图 5.27 在 77 K 温度下 Cr³⁺ : CsAl(MoO₄)₂晶体的荧光光谱

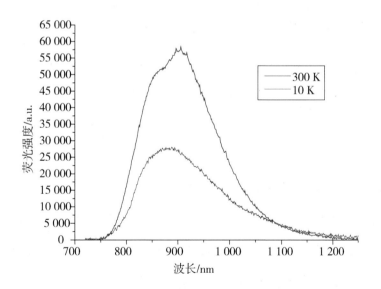

图 5.28 在 300 K 和 10 K 温度下 Cr³⁺ : Sc₂(MoO₄)₃

晶体的荧光光谱

在 10 K 低温下，Cr^{3+}：$Sc_2(MoO_4)_3$ 和 Cr^{3+}：$Na_2Mg_5(Mo_4)_6$ 晶体的荧光光谱占统治地位的仍然是 $^4T_2 \rightarrow {}^4A_2$ 能级跃迁的宽带发射，如图 5.28 和图 5.23 所示。这是由于 Cr^{3+}：$Sc_2(MoO_4)_3$ 和 Cr^{3+}：$Na_2Mg_5(Mo_4)_6$ 晶体的晶场强度 D_q/B 只有 2.2~2.32 左右，Cr^{3+} 占据了弱晶场位置，因此在 Cr^{3+}：$Sc_2(MoO_4)_3$ 和 Cr^{3+}：$Na_2Mg_5(Mo_4)_6$ 晶体中 Cr^{3+} 的最低激发态只有短寿命的 $^4T_2$ 能级。

§5.4　光谱性能、晶场参数与能级

5.4.1　光谱性能和晶场参数

Cr^{3+}：$MAl(MoO_4)_2$（$M = K^+$，Rb^+，Cs^+），Cr^{3+}：$K_{0.6}(Mg_{0.3}Sc_{0.7})_2(MoO_4)_3$，$Cr^{3+}$：$Sc_2(MoO_4)_3$ 和 Cr^{3+}：$Na_2Mg_5(Mo_4)_6$ 晶体的光谱性能和晶场参数列于表 5.1 和 5.2 中。在这些掺 Cr^{3+} 的钼酸盐晶体中，Cr^{3+}：$Na_2Mg_5(Mo_4)_6$ 晶体具有优良的光谱性能：大的吸收跃迁截面 $\sigma_\alpha = 11.51 \times 10^{-20}\ cm^2$，大的发射跃迁截面 $\sigma_e = 18.2 \times 10^{-20}\ cm^2$，荧光发射峰值波长为 914 nm，半峰宽达到 192 nm，荧光寿命 $\tau = 6.9\ \mu s$，是一种潜在的可调谐激光晶体材料。

表 5.1　晶场参数 D_q，Rach 参数 B 和 C

	D_q	$B/\mathrm{cm^{-1}}$	D_q/B	$C/\mathrm{cm^{-1}}$	$\Delta/\mathrm{cm^{-1}}$
Cr：$KAl(MoO_4)_2$	1 494.8	585.5	2.55	3 049.4	32.2
Cr：$RbAl(MoO_4)_2$	1 497.0	576.7	2.59	3 063.6	62.6
Cr：$CsAl(MoO_4)_2$	1 499.3	579.1	2.59	3 079.1	22.5
Cr：$Sc_2(MoO_4)_3$	1 408.0	608.0	2.32	3 054.0	—
Cr：$K_{0.6}(Mg_{0.3}Sc_{0.7})_2(MoO_4)_3$	1 418.4	650.8	2.18	2 994.0	—
Cr：$Na_2Mg_5(MoO_4)_6$	1 383.0	628.0	2.20	3 088.0	—

5.4.2　Cr^{3+} 在钼酸盐晶体中的能级

根据 Tanabe - Sugano 理论将得到的 D_q，B 和 C 的值代入 Cr^{3+} 能级矩阵元中可求得各个能级的值。表 5.3 至表 5.7 分别列出了 Cr^{3+} 在 Cr^{3+}：$KAl(MoO_4)_2$，Cr^{3+}：$RbAl(MoO_4)_2$，Cr^{3+}：$RbAl(MoO_4)_2$，Cr^{3+}：$Sc_2(MoO_4)_3$ 和 Cr^{3+}：$Na_2Mg_5(MoO_4)_6$ 晶体中的能级。

表 5.2　$Cr^{3+}:MAl(MoO_4)_2$（M = K, Rb, Cs）晶体和其他掺 Cr^{3+} 钼酸盐晶体的主要光谱参数

	$^4A_2 \rightarrow {}^4T_1$		$^4A_2 - {}^4T_2$			$^4T_2 \rightarrow {}^4A_2$			τ /μs
	λ /nm	σ_α /$10^{-20}\,cm^2$	λ /nm	σ_α /$10^{-20}\,cm^2$	FWHM /nm	λ /nm	σ_e /$10^{-20}\,cm^2$	FWHM /nm	
$Cr^{3+}:KAl(MoO_4)_2$	—	—	—	—	—	—	—	—	
σ - 偏振	480	8.44	669	3.72	—	823	2.74	146	33
π - 偏振	481	503	668	2.25	—	822	2.93	136	
$Cr^{3+}:RbAl(MoO_4)_2$	—	—	—	—	—	—	—	—	
σ - 偏振	481	7.82	668	3.68	114	822	3.70	138	25.7
π - 偏振	480	5.05	666	2.29	112	823	3.95	130	
$Cr^{3+}:CsAl(MoO_4)_2$	—	—	—	—	—	—	—	—	
σ - 偏振	480	5.57	667	3.13	102	821	4.57	139	21
π - 偏振	481	3.66	666	2.08	103	826	4.25	152	
$K_{0.6}(Mg_{0.3}Sc_{0.7})_2(MoO_4)_3$	489	13.1	705	10.6	—	870	8.46	189	10
$Cr^{3+}:Sc_2(MoO_4)_3$	499	37.4	710	32.1	—	880	375	176	0.2
$Cr^{3+}:Na_2Mg_5(MoO_4)_6$	507	6.92	735	11.51	—	914	16.2	192	6.9

表 5.3 Cr^{3+} 在 Cr^{3+} ：$KAl(MoO_4)_2$ 晶体中的能级

$^{2S+1}\Gamma_i(O_h$群$)$	能级	能量/cm^{-1}	对应基态的能量 /cm^{-1}
$^2T_2(a^2D, b^2D, {}^2F, {}^2G, {}^2H)$	t_2^3 $t_2^2({}^3T_1)e$ $t_2^2({}^1T_2)e$ $t_2e^2({}^1A_1)$ $t_2e^2({}^1E)$	$-6\ 545$ $1\ 586$ $10\ 204$ $35\ 833$ $18\ 024$	$20\ 174$ $28\ 305$ $36\ 924$ $62\ 553$ $44\ 744$
$^2T_1({}^2P, {}^2F, {}^2G, {}^2H)$	t_2^3 $t_2^2({}^3T_1)e$ $t_2^2({}^1T_2)e$ $t_2e^2({}^3A_2)$ $t_2e^2({}^1E)$	$-12\ 726$ $6\ 040$ $1\ 919$ $16\ 522$ $22\ 269$	$13\ 994$ $32\ 760$ $28\ 639$ $43\ 242$ $48\ 989$
$^2E(a^2D, b^2D, {}^2G, {}^2H)$	t_2^3 $t_2^2({}^1A_1)e$ $t_2^2({}^1E)e$ e^3	$-12\ 870$ $19\ 260$ $3\ 506$ $38\ 130$	$13\ 850$ $45\ 980$ $30\ 226$ $64\ 850$
$^4T_1({}^4P, {}^4F)$	$t_2^2({}^3T_1)e$ $t_2e^2({}^3A_2)$	$-5\ 887$ $6\ 073$	$20\ 833$ $32\ 793$
$^4T_2({}^4F)$	$t_2^2({}^3T_1)e$	$-11\ 772$	$14\ 948$
$^2A_1({}^2G)$	$t_2^2({}^1E)e$	-283.1	$26\ 437$
$^2A_2({}^2F)$	$t_2^2({}^1E)e$	$11\ 427$	$38\ 147$
$^4A_2({}^4F)$	t_2^3	$-26\ 720$	0

表 5.4　Cr^{3+} 在 Cr^{3+}：$RbAl(MoO_4)_2$ 晶体中的能级

$^{2S+1}\Gamma_i(O_h$群$)$	能级	能量/cm^{-1}	对应基态的能量/cm^{-1}
$^2T_2(a^2D,\ b^2D,^2F,^2G,^2H)$	t_2^3 $t_2^2(^3T_1)e$ $t_2^2(^1T_2)e$ $t_2e^2(^1A_1)$ $t_2e^2(^1E)$	$-6\ 451$ $1\ 699$ $10\ 180$ $35\ 793$ $18\ 141$	$20\ 164$ $28\ 314$ $36\ 795$ $62\ 408$ $44\ 756$
$^2T_1(^2P,^2F,^2G,^2H)$	t_2^3 $t_2^2(^3T_1)e$ $t_2^2(^1T_2)e$ $t_2e^2(^3A_2)$ $t_2e^2(^1E)$	$-12\ 644$ $6\ 096$ $2\ 022$ $16\ 651$ $22\ 295$	$13\ 971$ $32\ 711$ $28\ 637$ $43\ 266$ $48\ 910$
$^2E(a^2D,\ b^2D,^2G,^2H)$	t_2^3 $t_2^2(^1A_1)e$ $t_2^2(^1E)e$ e^3	$-13\ 128$ $19\ 253$ $3\ 606$ $38\ 244$	$13\ 487$ $45\ 868$ $30\ 221$ $64\ 859$
$^4T_1(^4P,^4F)$	$t_2^2(^3T_1)e$ $t_2e^2(^3A_2)$	$-5\ 825$ $6\ 156$	$20\ 790$ $32\ 771$
$^4T_2(^4F)$	$t_2^2(^3T_1)e$	$-11\ 645$	$14\ 970$
$^2A_1(^2G)$	$t_2^2(^1E)e$	-147	$26\ 468$
$^2A_2(^2F)$	$t_2^2(^1E)e$	$11\ 387$	$38\ 002$
$^4A_2(^4F)$	t_2^3	$-26\ 615$	0

表 5.5 Cr^{3+} 在 Cr^{3+} : $CsAl(MoO_4)_2$ 晶体中的能级

$^{2S+1}\Gamma_i(O_h群)$	能级	能量/cm^{-1}	对应基态的能量/cm^{-1}
$^2T_2(a^2D,\ b^2D,{}^2F,{}^2G,{}^2H)$	t_2^3	$-6\ 437$	$20\ 219$
	$t_2^2({}^3T_1)e$	$1\ 661$	$28\ 317$
	$t_2^2({}^1T_2)e$	$10\ 243$	$36\ 899$
	$t_2e^2({}^1A_1)$	$35\ 874$	$62\ 530$
	$t_2e^2({}^1E)$	$18\ 079$	$44\ 735$
$^2T_1({}^2P,{}^2F,{}^2G,{}^2H)$	t_2^3	$-12\ 630$	$14\ 026$
	$t_2^2({}^3T_1)e$	$6\ 099$	$31\ 960$
	$t_2^2({}^1T_2)e$	$1\ 992$	$28\ 648$
	$t_2e^2({}^3A_2)$	$16\ 573$	$43\ 229$
	$t_2e^2({}^1E)$	$22\ 294$	$48\ 950$
$^2E(a^2D,\ b^2D,{}^2G,{}^2H)$	t_2^3	$-13\ 122$	$13\ 534$
	$t_2^2({}^1A_1)e$	$19\ 306$	$45\ 962$
	$t_2^2({}^1E)e$	$3\ 583$	$29\ 378$
	e^3	$38\ 192$	$64\ 848$
$^4T_1({}^4P,{}^4F)$	$t_2^2({}^3T_1)e$	$-5\ 867$	$20\ 789$
	$t_2e^2({}^3A_2)$	$6\ 075$	$32\ 731$
$^4T_2({}^4F)$	$t_2^2({}^3T_1)e$	-11731	$14\ 925$
$^2A_1({}^2G)$	$t_2^2({}^1E)e$	-201	$26\ 455$
$^2A_2({}^2F)$	$t_2^2({}^1E)e$	11461	$38\ 117$
$^4A_2({}^4F)$	t_2^3	$-26\ 656$	0

表 5.6   Cr^{3+} 在 Cr^{3+}：Sc$_2$(MoO$_4$)$_3$晶体中的能级

$^{2S+1}\Gamma_i(O_h$群)	能级	能量/cm^{-1}	对应基态的能量/cm^{-1}
$^2T_2(a^2D,\ b^2D,^2F,^2G,^2H)$	t_2^3 $t_2^2(^3T_1)e$ $t_2^2(^1T_2)e$ $t_2e^2(^1A_1)$ $t_2e^2(^1E)$	$-5\ 750$ $1\ 628$ $10\ 558$ $35\ 662$ $17\ 373$	$20\ 242$ $27\ 620$ $36\ 550$ $61\ 654$ $43\ 365$
$^2T_1(^2P,^2F,^2G,^2H)$	t_2^3 $t_2^2(^3T_1)e$ $t_2^2(^1T_2)e$ $t_2e^2(^3A_2)$ $t_2e^2(^1E)$	$-11\ 821$ $6\ 172$ $2\ 004$ $15\ 760$ $21\ 791$	$14\ 171$ $32\ 164$ $27\ 996$ $41\ 752$ $47\ 783$
$^2E(a^2D,\ b^2D,^2G,^2H)$	t_2^3 $t_2^2(^1A_1)e$ $t_2^2(^1E)e$ e^3	$-12\ 345$ $19\ 297$ $3\ 613$ $37\ 086$	$13\ 647$ $45\ 289$ $29\ 605$ $63\ 078$
$^4T_1(^4P,^4F)$	$t_2^2(^3T_1)e$ $t_2e^2(^3A_2)$	$-5\ 952$ $5\ 347$	$20\ 040$ $31\ 339$
$^4T_2(^4F)$	$t_2^2(^3T_1)e$	$-11\ 888$	$14\ 104$
$^2A_1(^2G)$	$t_2^2(^1E)e$	-271	$25\ 721$
$^2A_2(^2F)$	$t_2^2(^1E)e$	$11\ 819$	$37\ 811$
$^4A_2(^4F)$	t_2^3	$-25\ 992$	0

表 5.7 Cr³⁺ 离子在 Cr³⁺：Na₂Mg₅(MoO₄)₆ 晶体中的能级

$^{2S+1}\Gamma_i(O_h$群$)$	能级	能量/cm⁻¹	对应基态的能量/cm⁻¹
$^2T_2(a^2D,\ b^2D,^2F,^2G,^2H)$	t_2^3 $t_2^2(^3T_1)e$ $t_2^2(^1T_2)e$ $t_2e^2(^1A_1)$ $t_2e^2(^1E)$	$-4\,980$ $2\,337$ $10\,760$ $10\,870$ $35\,970$	$20\,550$ $27\,870$ $36\,290$ $43\,610$ $61\,500$
$^2T_1(^2P,^2F,^2G,^2H)$	t_2^3 $t_2^2(^3T_1)e$ $t_2^2(^1T_2)e$ $t_2e^2(^3A_2)$ $t_2e^2(^1E)$	$-11\,180$ $2\,672$ $6\,664$ $16\,480$ $22\,110$	$14\,350$ $28\,210$ $32\,200$ $42\,010$ $47\,650$
$^2E(a^2D,\ b^2D,^2G,^2H)$	t_2^3 $t_2^2(^1A_1)e$ $t_2^2(^1E)e$ e^3	$-11\,660$ $4\,299$ $19\,630$ $37\,940$	$13\,870$ $29\,830$ $45\,160$ $63\,470$
$^4T_1(^4P,^4F)$	$t_2^2(^3T_1)e$ $t_2e^2(^3A_2)$	$-5\,697$ $5\,615$	$19\,840$ $31\,150$
$^4T_2(^4F)$	$t_2^2(^3T_1)e$	$-11\,390$	$14\,140$
$^2A_1(^2G)$	$t_2^2(^1E)e$	523.692	$26\,060$
$^2A_2(^2F)$	$t_2^2(^1E)e$	$11\,940$	$37\,480$
$^4A_2(^4F)$	t_2^3	$-25\,530$	0

参考文献

[1] Kolitsch U, Maczka M, Hanuza J. NaAl(MoO$_4$)$_2$: a rare structure type among layered yavapaiite related AM(XO$_4$)$_2$ compound [J]. Acta Crystllog. E, 2003, 59: 110 – 113.

[2] Efremov V A, Lazoryak B I, Trunov V K. Concerning the structures with corondum – like frameworks ([M$_2$(EO$_4$)$_3$] p –)$_3$ – lifinity – the structure of scandium molybtate[J]. Kristal. , 1981, 26: 72 – 81.

[3] Klevtsova R F, Klevtsov P V. Crystal structure of double molybdate K$_2$Ni(MoO$_4$)$_2$[J]. Kristal. , 1978, 23: 261 – 165.

[4] Trunov V K, Efremov V A. Double molybdates of alkali and trivalent metals[J]. Zh. Neorg. Khim. [J], 1971, 16: 2026 – 2028.

[5] P E Tomaszewski, A Pietraszko, M Maczka, J Hanuza, CsAl(MoO$_4$)$_2$[J]. Acta Cryst. E, 2002, 58: 119 – 120.

[6] 王国建. 掺 Cr^{3+} 钼酸盐可调谐激光晶体的生长、表征与光谱性能研究[D]. 北京: 中国科学院, 2008.

[7] Wang G J, Huang Y S, Zhang L Z, Guo S P, Xu G, Lin Z B, Wang G F. Growth, structure and optical properties of the Cr^{3+}: K$_{0.6}$(Mg$_{0.3}$Sc$_{0.7}$)$_2$(Mo$_4$)$_3$ crystal[J]. Cryst. Growth Des. , 2011, 11:

3895 - 3899.

[8]Zhang L Z, Li L Y, Huang Y S, Sun S J, Lin Z B, Wang G F. Growth, spectral property and crystal field analysis of Cr^{3+} - doped $Na_2 Mg_5 (MOO_4)_6$ crystal [J]. Opt. Mater., 1915, 49: 75 - 78.

[9]Klevtsova R F, Kim V G, Klevtsov P V. X - ray structure investigation of double molybdate $NaR_5(MoO_4)_6$, R = Mg, Co and Zn [J]. Kristall., 1980, 25: 1148 - 1154.

[10] Solodovnikov S F, Solodovnikova Z A, Klevtsova R F. Synthesis, characterization and X - ray structural study of binary lithium manganese (II) molybdate [J]. J. Struct. Chem. [J], 1994, 35: 871 - 878.

[11]Pena A, Sole R, Gavalda J, Massons J, Diaz F, Aguilo M. Primary crystallization region of $NaAl(MoO_4)_2 Cr^{3+}$ doping, crystal growth and characterization [J]. Chem. Mater., 2006, 18: 442 - 448.

[12]Wang G J, Han X M, Song M J, Lin Z B, Wang G F, Long X F. Growth and spectral properties of Cr^{3+}: $KAl(MoO_4)_2$ [J]. Mater. Lett., 2007, 61: 3886 - 3889.

[13]Wang G J, Long X F, Zhang L Z, Wang G F. Growth and thermal properties of Cr^{3+}: $KAl(MoO_4)_2$ crystal [J]. J. Cryst. Growth, 2008, 310: 624 - 628.

[14] Wang G J, Han X M H, Long X F, Wang G F. Growth and spectral properties of Nd^{3+}: $KLa(MoO_4)_2$ crystal [J]. Chinese J. Struct. Chem., 2006, 25: 192 – 196.

[15] Wang G J, Huang Y S, Zhang L Z, Lin Z B, Wang G F. Growth and spectral properties of Cr^{3+}: $RbAl(MoO_4)_2$ crystal[J]. Mater. Res. Innov., 2011, 15: 167 – 171.

[16] Zhang L Z, Li L Y, Huang Y S, Sun S J, Lin Z B, Wang G F. Growth, spectral property and crystal field analysis of Cr^{3+} – doped $Na_2Mg_5(MoO_4)_6$ crystal[J]. Opt. Mater., 2015, 49: 75 – 78.

[17] Li L Y, Huang Y S, Zhang L Z, Lin Z B, Wang G F W. Growth, mechanical, thermal and spectral properties of Cr^{3+}: $MgMoO_4$ crystal[J]. PLoS One, 2012: 7: e30327. 钇 SymbollB@ 这是该刊物文献页码特殊标注法, 即该篇论文所有页码均标为 e30327

[18] Li L Y, Wang G J, Huang Y S, Zhang L Z, Lin Z B, Wang G F. Growth and spectral properties of $NaNd(MoO_4)_2$ crystal [J]. Mater. Res. Innov., 2011, 4: 279 – 282.

[19] Yu Y, Zhang L Z, Huang Y S, Lin Z B, Wang G F. Growth, crystal structure, spectral properties and laser performance of Yb^{3+}: $NaLu(MoO_4)_2$ crystal[J]. Laser Phys., 2013, 23: 105807 (6pp). ←这是该刊物文献页码特殊标注法, 即该篇论文 6 页页码均标为 105807。

[20] Wang G J, Long X F, Zhang L Z, Wang G F, Polosan S, Tsuboi T. Spectral characterization and energy levels of Cr^{3+} : $Sc_2(MoO_4)_3$ crystal[J]. J. Lumin. , 2009, 129: 1398 – 1400.

[21] Hermanowicz K , Maczka M, Dere Ń P, Hanuza J, Strek W, Drulis H. Optical properties of chromium (III) in trigonal KAl $(MoO_4)_2$ and monoclinic NaAl($MoO_4)_2$ hosts[J]. J. Lumin. , 2000, 92: 151 – 159.

[22] Zheng W C, Zhou Q, Mei Y, Wu X X. Studies of the EPR and optical spectra for Cr^{3+} – doped KAl ($MoO_4)_2$ crystal [J]. Opt. Mater. , 2004, 27: 449 – 451.

[23] Hermanowicz K. Spectroscopic properties of the rubidium and cesium alumininum double molybdate crystals[J] . J. Lumin. , 2004, 109: 9 – 18.

[24] Fano U. Effects of configuration interaction on intensities and phase shifes[J]. Phys. Rev. , 1961, 124: 1866 – 1872.

[25] Fano U, Cooper J W. Line profiles in far – UV absorption spectra of rare gases [J] . Phys. Rev. , 1965, 137 (1965) A1364 – 1370.

[26] Sturge M D, Guggenheim H J. Antiresonance optical spectra of transition metal ions in crystals [J] . Phys. Rev. B, 1970, 2: 2459 – 2464.

第6章 掺 Cr^{3+} 的钨酸盐可调谐激光晶体材料

在钨酸盐晶体中 W^{6+} 的价态高，离子半径小，原子量比较大，具有很强的极化作用，极化作用强导致 Cr^{3+} 在钨酸盐晶体中有很强的电声子耦合跃迁，从而出现较大的斯托克斯（Stokes）位移，Cr^{3+} 掺杂的钨酸盐在室温下具有较宽的发射谱带。双金属钨酸盐 $M^I M^{III}(WO_4)_2$（其中，$M^I = Li^+$，Na^+，K^+，Rb^+，Cs^+，$M^{III} = Al^{3+}$，In^{3+}，Sc^{3+}）和 $M^{III}(WO_4)_2$（$M^{III} = Al^{3+}$，In^{3+}，Sc^{3+}）系列化合物中具有 AlO_6 或 ScO_6 八面体配位，Cr^{3+}（0.65 Å）与 Al^{3+}（0.55 Å）半径相近，小于 Sc^{3+}（0.83 Å）半径，有利于掺 Cr^{3+} 进入晶格中，因此掺铬钨酸盐成为探索新可调谐激光晶体基质材料的研究对象。

§ 6.1 掺 Cr³⁺ 的钨酸盐晶体生长[1-24]

6.1.1 助熔剂

许多钨酸盐晶体由于是非同成分融化或具有相变结构，只能采用顶部籽晶助熔剂法生长。通常使用 K_2WO_4，$K_2W_2O_7$，K_2WO_4/KF 和 $Li_2W_2O_7$ 等化合物作为助熔剂。这些助熔剂一般被称为自助熔剂，即将晶体中部分成分作为助熔剂来生长晶体。通过研究钨酸盐–自助熔剂相关体系的相图和在溶液中溶解度，发现采用自助熔剂具有如下优点：①与所生长晶体的部分成分相同，不会引进其他杂质离子；②溶液的挥发性低；③所生长晶体在溶液中溶解度大，如图6.1 和 图6.2 所示。

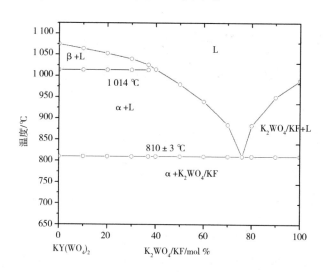

图6.1　$KY(WO_4)_2 – K_2WO_4/KF$ 赝二元相图

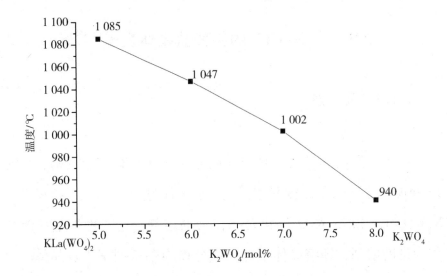

图 6.2　KLa(WO₄)₂ 在 K₂WO₄ 溶液中溶解度曲线

6.1.2　晶体生长

6.1.2.1　Cr³⁺ : MgWO₄ 晶体生长

MgWO₄ 的晶体结构属于单斜晶系，$P2/c$ 空间群，晶胞参数为 $a = 4.624$ Å，$b = 5.594$ Å，$c = 4.880$ Å，$\beta = 90.56°$，$Z = 2$。MgWO₄ 晶体作为同成分融化化合物，可以采用提拉法生长。但是 MgWO₄ 晶体熔点为 1 358 ℃，在高温下熔体中 WO₃ 挥发严重，很难生长出高质量的晶体。采用顶部籽晶助熔剂法生长可以在较低的温度下生长，降低溶液中 WO₃ 挥发。以 Li₂WO₄/LiF 为助熔剂，生长温度区间在 950 ~ 1 000 ℃，以 0.5 ℃/d 的降温速率和

12 r/min 的转动速率生长，获得尺寸为 $3 \times 3 \times 20$ mm^3 的 Cr^{3+}：MgWO$_4$晶体，如图6.3所示。

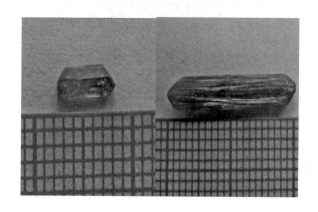

图6.3　顶部籽晶助熔剂法生长的 Cr^{3+}：MgWO$_4$晶体

6.1.2.2　Cr^{3+}：Li$_2$Mg$_2$(WO$_4$)$_3$晶体生长

Li$_2$Mg$_2$(WO$_4$)$_3$晶体属正交晶系，*Pnma* 空间群，晶胞参数：$a = 5.1129$ Å，$b = 10.4620$ Å，$c = 17.6120$ Å，$Z = 4$。晶体中 MgO$_6$八面体的 Mg – O 键平均长为 2.0908 Å。采用顶部籽晶助熔剂法生长 Cr^{3+}：Li$_2$Mg$_2$(WO$_4$)$_3$晶体，以 K$_2$W$_2$O$_7$为助溶剂，晶体生长温度区间为 820～870 ℃，获得尺寸为 $\phi 40 \times 40$ mm^{3}的 Cr^{3+}：Li$_2$Mg$_2$(WO$_4$)$_3$晶体，如图6.4所示。Cr^{3+} 在晶体的分凝系数为 0.958，接近于 1，意味着 Cr^{3+} 在晶体中分布均匀。

6.1.2.3　Cr^{3+}：KSc(WO$_4$)$_2$晶体生长

Cr^{3+}：KSc(WO$_4$)$_2$晶体采用顶部籽晶助熔剂法生长，从 80 mol% K$_2$W$_2$O$_7$的助熔剂和 20 mol% KSc(WO$_4$)$_2$的溶液中生长，

图 6.4　顶部籽晶助熔剂法生长的 Cr^{3+} : $Li_2Mg_2(WO_4)_3$ 晶体

以 1～2 ℃/d 的降温速率和 15 rpm 的转动速率生长。图 6.5 所示为加工后的 Cr^{3+} : $KSc(WO_4)_2$ 晶体, Cr^{3+} : $KSc(WO_4)_2$ 晶体倾向于沿着(001)面解理。这与 $KSc(WO_4)_2$ 晶体的特性有密切关系。$KSc(WO_4)_2$ 晶体与 $KAl(MoO_4)_2$ 等系列钼酸盐同为异质同构体,晶体中 WO_4 四面体和 ScO_6 八面体构成[$ScW_2O_8^{-1}$]层,[$ScW_2O_8^{-1}$]层垂直于三次轴 c 轴。因此 Cr^{3+} : $KSc(WO_4)_2$ 晶体倾向于沿[$ScW_2O_8^{-1}$]层解理,即沿着(001)面解理。

图 6.5　Cr^{3+} : $KSc(WO_4)_2$ 晶体

6.1.2.4　Cr^{3+}：$NaAl(WO_4)_2$晶体生长

$NaAl(WO_4)_2$属单斜晶系，$C2/c$空间群，晶胞参数：$a =$ 9.6315 Å，$b = 5.3735$ Å，$c = 12.9785$ Å，$\beta = 90.2°$，$Z = 4$。采用顶部籽晶助熔剂法生长 $NaAl(WO_4)_2$晶体，以 0.1 ℃/h 的降温速率，从含 28.6 mol. % Na_2O，6.4 mol. % Al_2O_3 和 65.0 mol. % WO_3 的溶液中生长，获得 $2 \times 3 \times 0.3$ mm^3尺寸的晶体（见图 6.6）。

图 6.6　Cr^{3+}：$NaAl(WO_4)_2$晶体[19]

6.1.2.5　Cr^{3+}：$Al_2(WO_4)_3$和Cr^{3+}：$Sc_2(WO_4)_3$晶体生长

$Al_2(WO_4)_3$晶体属正交晶系，$Pnca$空间群，晶胞参数为：$a =$ 12.588 Å，$b = 9.055$ Å，$c = 9.107$ Å，$Z = 2$，熔点为 1 254℃。由于 $Al_2(WO_4)_3$晶体熔化后 WO_3 成分具有强烈的挥发性，晶体生长非常困难。分别以 Na_2WO_4 和 $Na_2W_2O_7$ 作为助熔剂，采用助熔剂

法生长 Cr^{3+}：$Al_2(WO_4)_3$晶体，只生长出 $7 \times 5 \times 1 \ mm^3$ 和 $3 \times 3 \times 1 \ mm^3$ 的晶体。

$Sc_2(WO_4)_3$晶体属正交晶系和 *Pnca* 空间群，Sc^{3+} 占据 ScO_6 畸变八面体位置，晶体结构如图 6.7 所示。$Sc_2(WO_4)_3$晶体在 1 650 ℃ 同成分熔化，晶体生长相对于 $Al_2(WO_4)_3$晶体比较容易生长，可采用提拉法生长，以 1.2 mm/h 的提拉速率，在 Ar 气氛中，生长出尺寸为 $\phi20 \times 30 \ mm^3$ 的 Cr^{3+}：$Sc_2(WO_4)_3$晶体。

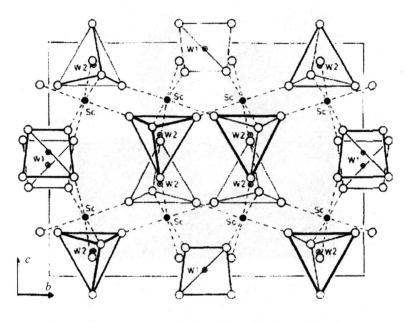

图 6.7　$Sc_2(WO_4)_3$晶体结构（沿（001）方向看）

§6.2 钨酸盐晶体的光谱特性[16-19,25-32]

6.2.1 Cr^{3+}：MgWO$_4$晶体的光谱特性

Cr^{3+}：MgWO$_4$晶体的吸收光谱如图6.8所示，两个峰值位置为532 nm和740 nm的宽吸收带分别对应于^{4}A$_2$→^{4}T$_1$和^{4}A$_2$→^{4}T$_2$能级跃迁，其吸收跃迁截面分别为15.8 × 10^{-20} cm^{2}和8.86 × 10^{-20} cm^2。^{4}A$_2$→^{4}T$_2$能级跃迁对应的吸收带具有明显的法诺(Fano)反共振结构，这是Cr^{3+}在弱晶场中一种特征表现。峰值波长740 nm即为^{4}A$_2$→^{4}T$_2$能级跃迁的中心波长，而位于718 nm的凹处即为^{4}A$_2$→^{2}E能级跃迁对应的吸收峰。

Cr^{3+}：MgWO$_4$晶体的荧光光谱如图6.9所示，室温下Cr^{3+}：MgWO$_4$晶体的荧光光谱的波长范围为850～1 350 nm，峰值波长为993.6 nm，半峰宽达到260 nm。无论是在室温还是在10 K低温下均呈现为一个宽带，表明在晶体中Cr^{3+}处在弱晶场中。Cr^{3+}：MgWO$_4$晶体的荧光寿命只有1.21 μs，源自短寿命的最低激发态^{4}T$_2$能级。

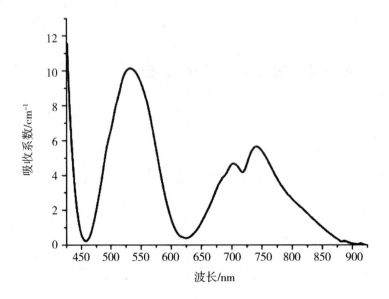

图 6.8 Cr³⁺：MgWO₄晶体的吸收光谱

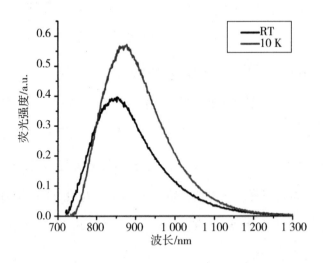

图 6.9 在室温和 10 K 温度下 Cr³⁺：MgWO₄晶体的荧光光谱

6.2.2　Cr^{3+}：$Li_2Mg_2(WO_4)_3$晶体的光谱特性

Cr^{3+}：$Li_2Mg_2(WO_4)_3$晶体展现两个宽的吸收带，其峰值位置为 493 nm 和 622nm 的宽吸收带分别对应于$^4A_2 \rightarrow {}^4T_1$和$^4A_2 \rightarrow {}^4T_2$能级跃迁，吸收跃迁截面分别为 2.72×10^{-20} cm^2 和 2.79×10^{-20} cm^2。$^4A_2 \rightarrow {}^4T_2$能级跃迁的吸收带表现出典型的法诺（Fano）反共振结构，606 nm 和 705 nm 凹处分别对应于$^4A_2 \rightarrow {}^2T_1$和$^4A_2 \rightarrow {}^2E$能级跃迁，如图 6.10 所示，通常认为这种法诺（Fano）反共振结构是由锐能级 ^2E 和$^2T_1$和振动展宽能级$^4T_2$相互作用引起的。

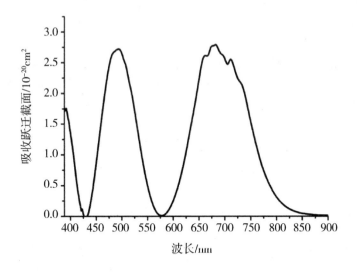

图 6.10　Cr^{3+}：$Li_2Mg_2(WO_4)_3$晶体的室温吸收光谱

Cr^{3+}：$Li_2Mg_2(WO_4)_3$晶体的荧光光谱在室温和 10 K 温度下均呈现为宽带发射（见图 6.11），覆盖了 720 ～1 310 nm 波长范围，峰值位置位于 853.4 nm，半峰宽达到 173.8 nm，Cr^{3+}：$Li_2Mg_2(WO_4)_3$晶体的平均荧光寿命为 11.5 μs，发射跃迁截面为 $6.3 \times 10^{-20} cm^2$。

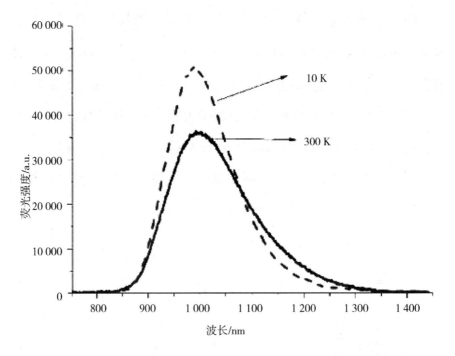

图 6.11　在 300 K 和 10 K 温度下 Cr^{3+}：$Li_2Mg_2(WO_4)_3$晶体的荧光光谱

6.2.3　Cr^{3+}：$KSc(WO_4)_2$晶体的光谱特性

图 6.12 所示为 Cr^{3+}：$KSc(WO_4)_2$晶体的吸收光谱，峰值波长为 469 nm 和 684 nm 的吸收带对应于$^4A_2 \rightarrow {}^4T_1$和$^4A_2 \rightarrow {}^4T_2$能级跃迁，其吸收跃迁截面分别为 $1.16 \times 10^{-19} cm^2$ 和 $4.98 \times 10^{-20} cm^2$。$Cr^{3+}$：$KSc(WO_4)_2$晶体的荧光光谱在室温和低温下均呈现为宽带

发射，如图 6.13 所示，其荧光波长覆盖了 750 ~ 1 100 nm 波长范围，荧光波长峰值位置于 916 nm，荧光寿命为 19.8 μs，发射跃迁截面为 4.86×10^{-20} cm^2。

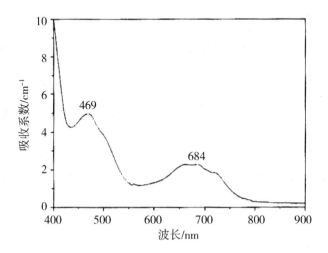

图 6.12　Cr^{3+}：$KSc(WO_4)_2$ 晶体的室温吸收光谱

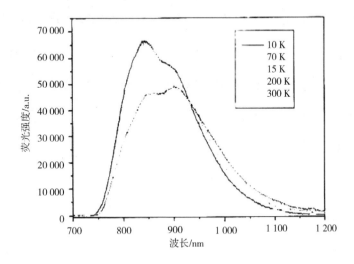

图 6.13　不同温度下 Cr^{3+}：$KSc(WO_4)_2$ 晶体的荧光光谱

6.2.4　Cr^{3+}：$NaAl(WO_4)_2$晶体的光谱特性

Cr^{3+}：$NaAl(WO_4)_2$晶体的吸收光谱由两个峰值波长位于 462 nm 和 646 nm 的 $^4A_2 \rightarrow {}^4T_1$ 和 $^4A_2 \rightarrow {}^4T_2$ 能级跃迁的宽吸收带组成的（见图 6.14）。在 6 K 温度下，在 496.7 nm 波长处观察到 $^4A_2 \rightarrow {}^2T_2$ 能级跃迁，在 723.5 nm 波长处观察到弱的自旋禁戒跃迁的 $^4A_2 \rightarrow {}^2E$ 能级跃迁（R - 线），如图 6.15 所示。值得注意是，Cr^{3+}：$NaAl(WO_4)_2$ 晶体具有大的吸收截面，$^4A_2 \rightarrow {}^4T_1$ 能级跃迁的吸收截面为 32×10^{-20} cm^2 和 $^4A_2 \rightarrow {}^4T_2$ 能级跃迁的吸收截面为 17×10^{-20} cm^2。

在室温下，Cr^{3+}：$NaAl(WO_4)_2$ 晶体的荧光光谱只展现出 $^4T_2 \rightarrow {}^4A_2$ 能级跃迁的宽带发射，覆盖了从 700 ~ 1 150 nm 波长范围，峰值波长位于 815 nm，半峰宽为 200 nm，如图 6.16 所示。在 6 K 温度下，Cr^{3+}：$NaAl(WO_4)_2$ 晶体的荧光光谱由锐的 $^2E \rightarrow {}^4A_2$ 能级跃迁的 R - 线和弱的 $^4T_2 \rightarrow {}^4A_2$ 能级跃迁的宽带发射组成（见图 6.17）。

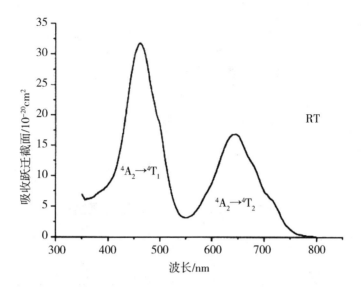

图 6.14 Cr³⁺：NaAl(WO₄)₂晶体的室温吸收光谱[19]

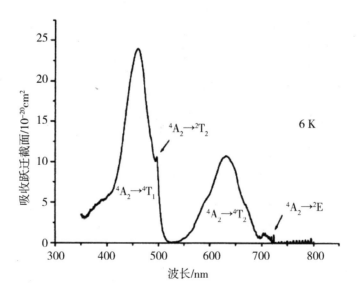

图 6.15 在 6 K 温度下 Cr³⁺：NaAl(WO₄)₂晶体的吸收光谱[19]

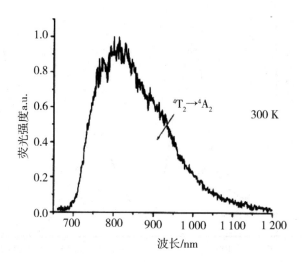

图 6.16 Cr^{3+}：NaAl(WO$_4$)$_2$晶体的室温荧光光谱[19]

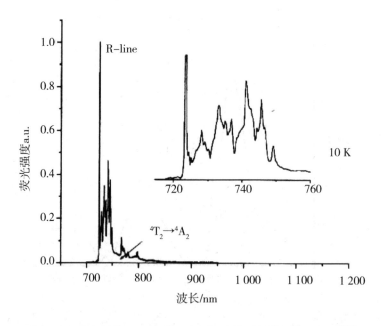

图 6.17 在 10 K 温度下 Cr^{3+}：NaAl(WO$_4$)$_2$晶体的荧光光谱[19]

6.2.5　Cr^{3+}：$Al_2(WO_4)_3$、Cr^{3+}：$Sc_2(WO_4)_3$ 和 Cr^{3+}：$ZnWO_4$晶体的光谱特性和激光

　　Cr^{3+}：$Al_2(WO_4)_3$晶体的室温吸收光谱主要由$^4A_2\rightarrow{}^4T_1$和$^4A_2\rightarrow{}^4T_2$能级跃迁的两个宽吸收谱组成，在$^4A_2\rightarrow{}^4T_1$能级跃迁的吸收带上的505 nm波长处明显观察到锐的$^4A_2\rightarrow{}^2T_2$能级跃迁谱线。而在$^4A_2\rightarrow{}^4T_2$能级跃迁吸收带上的685 nm和722 nm波长位置，两个锐吸收谱分别源于$^4A_2\rightarrow{}^2T_1$和$^4A_2\rightarrow{}^2E$能级跃迁，如图6.18所示。

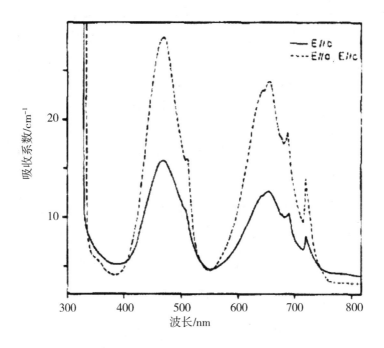

图 6.18　Cr^{3+}：$Al_2(WO_4)_3$晶体的偏振吸收光谱[30]

　　图 6.19 所示为 Cr^{3+}：$Sc_2(WO_4)_3$ 晶体在 300 K 和 77 K 温度下的吸收光谱。在 $^4A_2 \rightarrow ^4T_1$ 的吸收谱带上的 508 nm 处有尖锐的吸收峰，属于 $^4A_2 \rightarrow ^2T_2$ 能级跃迁。而 $^4A_2 \rightarrow ^4T_2$ 能级跃迁的吸收带表现出典型的法诺(Fano)反共振结构，723 nm 波长的吸收峰源于 $^4A_2 \rightarrow ^2E$ 能级跃迁，673 nm 波长的吸收峰则源于 $^4A_2 \rightarrow ^2T_1$ 能级跃迁。

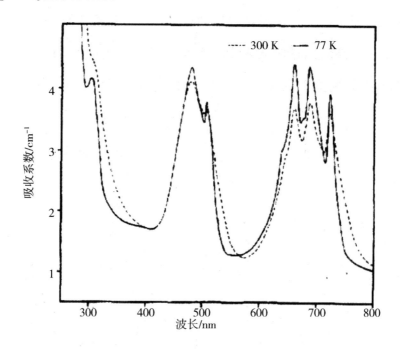

图 6.19　在 300 K 和 77 K 温度下 Cr^{3+}：$Sc_2(WO_4)_3$

晶体的吸收光谱[30]

　　Cr^{3+}：$ZnWO_4$ 晶体的 $^4A_2 \rightarrow ^4T_2$ 能级跃迁的吸收带同样地表现出典型的法诺(Fano)反共振结构，这是 Cr^{3+} 在弱晶场中的表现，如图 6.20 所示。这是由于 Cr^{3+}：$ZnWO_4$ 晶体属单斜晶系，$P2/c$ 空间群，晶胞参数：$a = 4.72$Å，$b = 5.7$Å，$c = 4.96$Å，$\beta = 90.6°$。ZnO_6 八面体从 O_h 对称性畸变成四方扭曲（O_{4h}）对称性的八面体，降低了晶体场强度，如图 6.21 所示。这种 $^4T_2$ 吸收带的结构是由于锐线能级（$^2E, ^2T_1$）和振动展宽能级 $^4T_2$ 重叠后相互作为导致的，即由法诺反共振作用（Fano antiresonances）导致的。

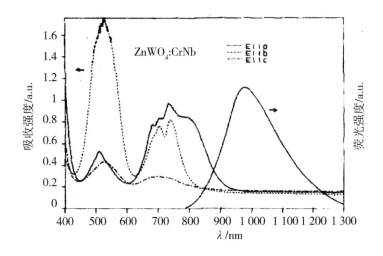

图 6.20 Cr^{3+}：$ZnWO_4$ 晶体的室温吸收光谱和荧光光谱[29]

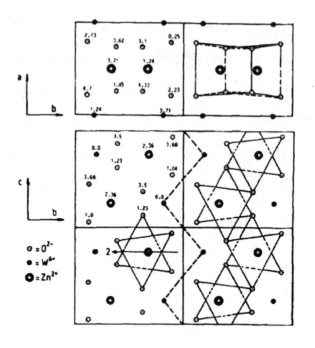

图 6.21　ZnWO$_4$晶体结构[32]

图 6.22 所示为 Cr^{3+}：Al$_2$(WO$_4$)$_3$，Cr^{3+}：Sc$_2$(WO$_4$)$_3$ 和 Cr^{3+}：ZnWO$_4$晶体的荧光光谱图。从图 6.22 可以看出，随着 Al^{3+} (0.55 Å) → Zn^{2+}(0.74 Å) → Sc^{3+}(0.83 Å) 离子半径增大，荧光峰值波长红移，说明了晶场在逐渐减弱。虽然 Zn^{2+}(0.74 Å) 半径小于 Sc^{3+}(0.83 Å) 半径，但由于 Cr^{3+}：ZnWO$_4$晶体中 ZnO$_6$八面体严重畸变形成四方扭曲的八面体(O_{4h})，如图 6.21 所示。当 Cr^{3+}取代四方扭曲的 ZnO$_6$八面体中 Zn^{2+}格子位置时，低对称性位置导致了 Cr^{3+}：ZnWO$_4$晶体的晶场进一步减弱，晶场强度 D_q/B 从 2.30 减弱至 2.05。

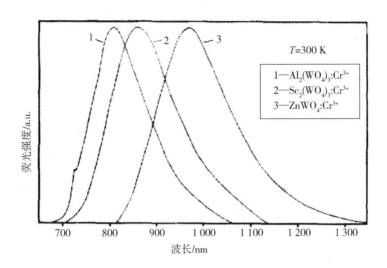

图 6.22 Cr^{3+}：$Al_2(WO_4)_3$、Cr^{3+}：$Sc_2(WO_4)_3$和Cr^{3+}：$ZnWO_4$

晶体荧光光谱[30]

在掺 Cr^{3+} 的钨酸盐晶体中，最先在 Cr^{3+}：$ZnWO_4$晶体中实现激光远转。1985 年 W. Kolbe 等人[29]在室温下采用 R700 染料激光作为泵浦源实现 Cr^{3+}：$ZnWO_4$晶体的脉冲激光输出。在 77 K 温度下以 647/767 nm 波长的氪激光泵浦实现了 Cr^{3+}：$ZnWO_4$晶体的 1 μm 的CW 激光输出，斜率效率达到 13 %，如图 6.23 所示。后来 1987 年，K. Petermann 等人[30]采用氪激光的 647/767 nm 的斩波激光束泵浦一块薄片的 Cr^{3+}：$Al_2(WO_4)_3$晶体(0.34 mm)，在 800 nm 观察到激光脉冲(见图 6.24)。可能由于大尺寸的 Cr^{3+}：$Al_2(WO_4)_3$ 和 Cr^{3+}：$ZnWO_4$ 晶体极难生长，后来 Cr^{3+}：$Al_2(WO_4)_3$和 Cr^{3+}：$ZnWO_4$晶体可调谐激光再也没有进一步的发展。

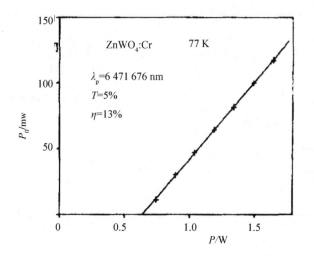

图 6.23　Cr^{3+}：ZnWO$_4$晶体在 77 K 温度下 CW 激光输出

功率与泵浦功率关系[29]

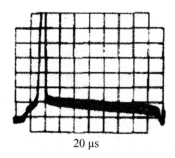

20 μs

图 6.24　Cr^{3+}：Al$_2$(WO$_4$)$_3$晶体在波长

800 nm 左右的激光脉冲[30]

§6.3 光谱性能、晶场参数与能级[16-19,25-30]

在掺 Cr^{3+} 的可调谐激光晶体材料中，晶场参数 D_q 和拉卡参数 B 和 C 是重要的光谱参数，这些参数决定了 Cr^{3+} 在晶体中所处的晶场状态，直接影响了可调谐激光晶体材料的光谱和激光性能，通过 Tanabe - Sugano 九期方程式可计算出 Cr^{3+} 在晶体中能级。表 6.1 和 6.2 所示为一些掺 Cr^{3+} 的钨酸盐晶体的晶场参数和光谱参数。表 6.3 和表 6.4 所示为在 Cr^{3+}：$MgWO_4$ 晶体和 Cr^{3+}：$Li_2Mg_2(WO_4)_3$ 晶体中 Cr^{3+} 的能级。在掺 Cr^{3+} 的钨酸盐晶体中 Cr^{3+}：$MgWO_4$ 晶体具有优秀的综合光谱性能；大的吸收跃迁截面 $\sigma_\alpha = 8.86 \times 10^{-20} cm^2$，大的发射跃迁截面 $\sigma_e = 41 \times 10^{-20} cm^2$，荧光发射峰值波长为 993.6 nm，半峰宽达到 260 nm，是一种潜在的可调谐激光晶体材料。

表 6.1 晶场参数 D_q，拉卡(Rach)参数 B 和 C

晶体	D_q/cm^{-1}	B/cm^{-1}	D_q/B	C/cm^{-1}
Cr^{3+}：Mg_2WO_4	1 351	524.5	2.57	3 328
Cr^{3+}：$Li_2Mg_2(WO_4)_3$	1 466	554.6	2.64	3 338
Cr^{3+}：$KSc(WO_4)_2$	1 462	711.7	2.06	2 972
Cr^{3+}：$NaAl(WO_4)_2$	1 548	615.6	2.51	3 083
Cr^{3+}：$Al_2(WO_4)_3$	1 495	650.0	2.30	—
Cr^{3+}：$Sc_2(WO_4)_3$	1 449	630.0	2.30	—
Cr^{3+}：$Zn_2(WO_4)_2$ E//a	1 230	600.0	2.05	—

表 6.2　晶体的主要光谱参数

晶体	$^4A_2 \rightarrow {}^4T_1$		$^4A_2 \rightarrow {}^4T_2$		$^4T_2 \rightarrow {}^4A_2$			$\tau/\mu s$
	λ /nm	σ_α /10^{-20}cm²	λ /nm	σ_α /10^{-20}cm²	λ /nm	σ_e /10^{-20}cm²	FWHM /nm	
$Cr^{3+}:Mg_2WO_4$	532	15.8	740	8.86	993.6	41	260	1.21
$Cr^{3+}:Li_2Mg_2(WO_4)_3$	492	2.72	682	2.79	853.4	6.3	173.8	18.6
$Cr^{3+}:KSc(WO_4)_2$	469	1.16	684	4.98	916	4.86	200	19.8
$Cr^{3+}:NaAl(WO_4)_2$	462	32.0	646	17.0	815	—	200	50
$Cr^{3+}:Al_2(WO_4)_3$	—	—	658	40.0	810	19	2 080 (cm⁻¹)	16.2
$Cr^{3+}:Sc_2(WO_4)_3$	—	—	690	10.0	860	16	2 210 (cm⁻¹)	2.4
$Cr^{3+}:Zn_2(WO_4)_2\ \overset{\cdot}{E}//a$	—	—	738	49.0	970	43	1 900 (cm⁻¹)	5.4

表 6.3 Cr^{3+} 在 Cr^{3+}：MgWO$_4$晶体中的能级

$^{2S+1}\Gamma_i(O_h$群)	能级	能量/cm^{-1}	对应基态的能量/cm^{-1}
$^2T_2(a^2D,\ b^2D,^2F,^2G,^2H)$	t_2^3	$-3\ 578$	$20\ 500$
	$t_2^2(^3T_1)e$	$3\ 189$	$27\ 270$
	$t_2^2(^1T_2)e$	$10\ 910$	$34\ 990$
	$t_2e^2(^1A_1)$	$35\ 500$	$59\ 580$
	$t_2e^2(^1E)$	$18\ 260$	$42\ 340$
$^2T_1(^2P,^2F,^2G,^2H)$	t_2^3	$-9\ 750$	$14\ 330$
	$t_2^2(^3T_1)e$	$7\ 184$	$31\ 260$
	$t_2^2(^1T_2)e$	$3\ 486$	$27\ 560$
	$t_2e^2(^3A_2)$	$16\ 690$	$46\ 760$
	$t_2e^2(^1E)$	$21\ 830$	$45\ 900$
$^2E(a^2D,\ b^2D,^2G,^2H)$	t_2^3	$-10\ 170$	$13\ 910$
	$t_2^2(^1A_1)e$	$19\ 620$	$43\ 690$
	$t_2^2(^1E)e$	$5\ 097$	$29\ 180$
	e^3	$37\ 740$	$61\ 810$
$^4T_1(^4P,^4F)$	$t_2^2(^3T_1)e$	$-5\ 286$	$18\ 790$
	$t_2e^2(^3A_2)$	$5\ 525$	$29\ 600$
$^4T_2(^4F)$	$t_2^2(^3T_1)e$	$-10\ 570$	$13\ 510$
$^2A_1(^2G)$	$t_2^2(^1E)e$	$1\ 513$	$25\ 590$
$^2A_2(^2F)$	$t_2^2(^1E)e$	$12\ 000$	$36\ 080$
$^4A_2(^4F)$	t_2^3	$-24\ 080$	0

表 6.4　Cr^{3+} 在 Cr^{3+}：$Li_2Mg_2(WO_4)_3$ 晶体中的能级

$^{2S+1}\Gamma_i(O_h$ 群$)$	能级	能量/cm^{-1}	对应基态的能量/cm^{-1}
$^2T_2(a^2D,\ b^2D,^2F,^2G,^2H)$	t_2^3 $t_2^2(^3T_1)e$ $t_2^2(^1T_2)e$ $t_2e^2(^1A_1)$ $t_2e^2(^1E)$	$-4\,882$ $2\,762$ $10\,910$ $36\,700$ $18\,970$	$21\,030$ $28\,670$ $36\,820$ $62\,680$ $44\,880$
$^2T_1(^2P,^2F,^2G,^2H)$	t_2^3 $t_2^2(^3T_1)e$ $t_2^2(^1T_2)e$ $t_2e^2(^3A_2)$ $t_2e^2(^1E)$	$-11\,300$ $7\,000$ $3\,067$ $17\,400$ $22\,810$	$14\,620$ $32\,910$ $28\,980$ $43\,310$ $48\,720$
$^2E(a^2D,\ b^2D,^2G,^2H)$	t_2^3 $t_2^2(^1A_1)e$ $t_2^2(^1E)e$ e^3	$-11\,740$ $20\,120$ $4\,717$ $39\,360$	$14\,170$ $46\,030$ $30\,630$ $65\,280$
$^4T_1(^4P,^4F)$	$t_2^2(^3T_1)e$ $t_2e^2(^3A_2)$	$-5\,631$ $6\,107$	$20\,280$ $32\,020$
$^4T_2(^4F)$	$t_2^2(^3T_1)e$	$-11\,250$	$14\,660$
$^2A_1(^2G)$	$t_2^2(^1E)e$	980	$26\,890$
$^2A_2(^2F)$	$t_2^2(^1E)e$	$12\,070$	$37\,990$
$^4A_2(^4F)$	t_2^3	$-25\,910$	0

参 考 文 献

［1］Wang G F, Luo Z D. Nd^{3+}: KY(WO$_4$)$_2$crystal growth and X-ray diffraction［J］. J. Cryst. Growth, 1990, 102: 765768.

［2］Han X M, Wang G F. Crystal growth and spectral properties of Nd^{3+}: KY(WO$_4$)$_2$ crystal［J］. J. Cryst. Growth, 2003, 247: 551 −554.

［3］Han X M, Wang G F. Growth and spectral properties of Nd^{3+}: KLa(WO$_4$)$_2$ crystal［J］. J. Cryst. Growth, 2003, 249: 167 −171.

［4］Yu Y, Zhu X R, Zhang X K, Yuan J J, Yu H J, Kuang F G, Xiong Z Z, Liao J F, Zhang W, Wang G F. Growth and optical properties of Pr^{3+}: KLu(WO$_4$)$_2$ laser crystal: a candidate for red emission laser［J］. Opt. Rev. , 2016, 23: 391 −400.

［5］Zhang L Z, Chen W D, Lu J L, Lin H F, Li L Y, Wang G F, Zhang G, Lin Z B. Characterization of growth, optical properties, and laser performance of monoclinic Yb: MgWO$_4$ crystal［J］. Opt. Mater. Exp. , 2016, 6: 1627 −1634.

［6］Huang Y S, Zhang L Z, Lin Z B, Wang G F. Growth and spectral characteristics of KYb(WO$_4$)$_2$ crystal［J］. Mat. Res. Innov. ,

2008, 12: 162 – 165.

[7] Han X M, Wang G F, Tsuboi T. Growth and spectral proper-ties of Er^{3+}/Yb^{3+} – codoped $KY(WO_4)_2$ crystal[J]. J. Cryst. Growth, 2002, 242: 412420.

[8] Huang X Y, Lin Z B, Hu Z S, Zhang L Z, Tsuboi T. Hideyuki M Y, Wang G F. Growth and spectral characterization of Yb^{3+}: $LiLa(WO_4)_2$ crystal[J]. Opt. Mater. , 2006, 29: 403 – 406.

[9] Huang X Y, Lin Z B, Zhang L Z, Chen J T. Wang G F. Growth , structure and spectral characterization of $LiNd(WO_4)_2$ [J]. Cryst. Growth Des. , 2006, 6: 2271 – 2274.

[10] Tang L Y, Wang G F. Growth of Yb^{3+} – doped KLa $(WO_4)_2$ crystal[J]. J. Cryst. Growth, 2005, 274: 469 – 473.

[11] Tang L Y, Lin Z B, Hu Z S, Wang G F. Growth and spec-tral properties of Nd^{3+}: $KLu(WO_4)_2$ crystal [J]. J. Cryst. Growth, 2005, 277: 228 – 232.

[12] Tang L Y, Lin Z B, Zhang L Z, Wang G F. Phase dia-gram, growth and spectral characteristic of Yb^{3+}: $KY(WO_4)_2$ crystal [J]. J. Cryst. Growth, 2005, 282: 376 – 382.

[13] Klevtsov R F, Klevtsov P V. Crystal structure of monoclinic $KNd(WO_4)_2$[J]. Kristal. , 1972, 17: 859 – 860.

[14] Klevtsov P V , Klevtsov R F. Polymorphism of double mo-lybdatae and tungstates of mono – valent and trivalent metals with com-

position $M^+R^{3+}(EO_4)_2[J]$. J. Struct. Chem, 1977, 18: 339 –355.

[15] Yu Y, Huang Y S, Zhang L Z, Lin Z B, Sun S J, Wang G F. Growth, spectral and laser properties of Nd^{3+}: $Na_2La_4(WO_4)_7$ crystal[J]. Appl. Phys. B, 2014, 116: 69 –74.

[16] Wang G J, Huang Y S, Zhang L Z, Lin Z B, Wang G F. Growth and spectroscopic characteristics of Cr^{3+}: $KSc(WO_4)_2$ crystal[J]. Opt. Mater. , 2012, 34: 1120 –1123.

[17] Li L Y, Yu Y, Wang G F, Zhang L Z, Lin Z B. Crystal growth, spectral properties and crystal field analysis of Cr^{3+}: $MgWO_4$ [J]. CrystEngComm, 2013, 15: 6083 –6089.

[18] Li L Y, Yu Y, Zhang L Z, Wang G F. Crystal growth, spectroscopic properties and energy levels of Cr^{3+}: $Li_2Mg_2(WO_4)_2$: a candidate for broadband laser application[J]. RSC Adv. , 2014, 4: 37041 –37046.

[19] Nokolov I, Mateos X, GÜEll F, Massons J, Nikolov V, Peshev P, DÍAz F. Optical properties of Cr^{3+}: $NaAl(WO_4)_2$ crystals, a new candidate for broadband laser applications [J] . Opt. Mater. , 2004, 25: 53 –58.

[20] Balashov V A, Vorona G I, Maier A A, Proshina O P. Growth and certain properties of $Sc_2(WO_4)_3$ crystal [J]. Inorg. Mater. [J], 1975 11: 1469 –1470.

[21] Boer J J D, Redetermination of the $Al_2(WO_4)_3$ structure

[J]. Acta Crystallog. , 1974, B30: 1878 – 1970.

[22] Abrahams S C, Bermann J L. Crystal structure of transition-metal molybdates and tungstates . II. diamagnetic $Sc_2(WO_4)_3$ [J]. J. Chem. . Phys. , 1966, 45: 2745 – 2752.

[23] 王国富, 涂朝阳, 罗遵度, Cr^{3+}: $Al_2(WO_4)_2$ 晶体的助熔剂生长[J]. 人工晶体, 1988, 17: 21 – 23.

[24] Craig D C, Stephenson N C. Crystal structure of $Nb_8W_9O_{47}$ [J]. Acta Crystallog. [J], 1969, B25: 2071 – 2073.

[25] Zhang L Z, Huang Y S, Sun S J. Thermal and spectral characterization of Cr^{3+}: $MgWO_4$ 钚 SymbolWC@ a promising tunable laser material[J]. J. Lumin. , 2018, 169 : 161 – 164.

[26] Fano U, Cooper J W. Line profiles in far – UV absorption spectra of rare gases[J]. Phys. Rev. , 1965, A 137: 1364 – 1368.

[27] Fano U, Cooper J W. Spectral distribution of atomic oscillator strengths[J]. Rev. Mod. Phys. , 1968, 40: 441 – 444.

[28] Lempicki A, Andrews L, Nettel S J, Mccollum B C, Solomon E I. Spectroscopy of Cr^{3+} in glasses – Fano anti – resonances and vibronic lamb shift[J]. Phys. Rev. Lett. , 1980, 44: 1234 – 1237.

[29] Kolbe W, Petermann K, Huber G. Broadband emission and laser action of Cr^{3+} doped Zinc Tungstate at 1 钚 SymbolmA@ m wavelength[J]. IEEE J. Quan. Elec. , 1985, 21: 1596 – 1599.

[30] Petermann K, Mitzscherlich P. Spectroscopic and laser

properties of Cr^{3+} – doped $Al_2(WO_4)_3$ and $Sc_2(WO_4)_3$ [J]. IEEE J. Quan. Elec. , 1987, 23: 1122 – 1126.

[31] Fano U . Effects of configuration interaction on intensities and phase shifts[J]. Phys. Rev. , 1961, 124: 1866 – 1870.

[32] Filipenko O S, Pobedimskaya E A, Belov N V. Crystal structure of $ZnWO_4$ [J] . Sov. Phys. Crystallog. USSR, 1968, 13: 127 – 129.